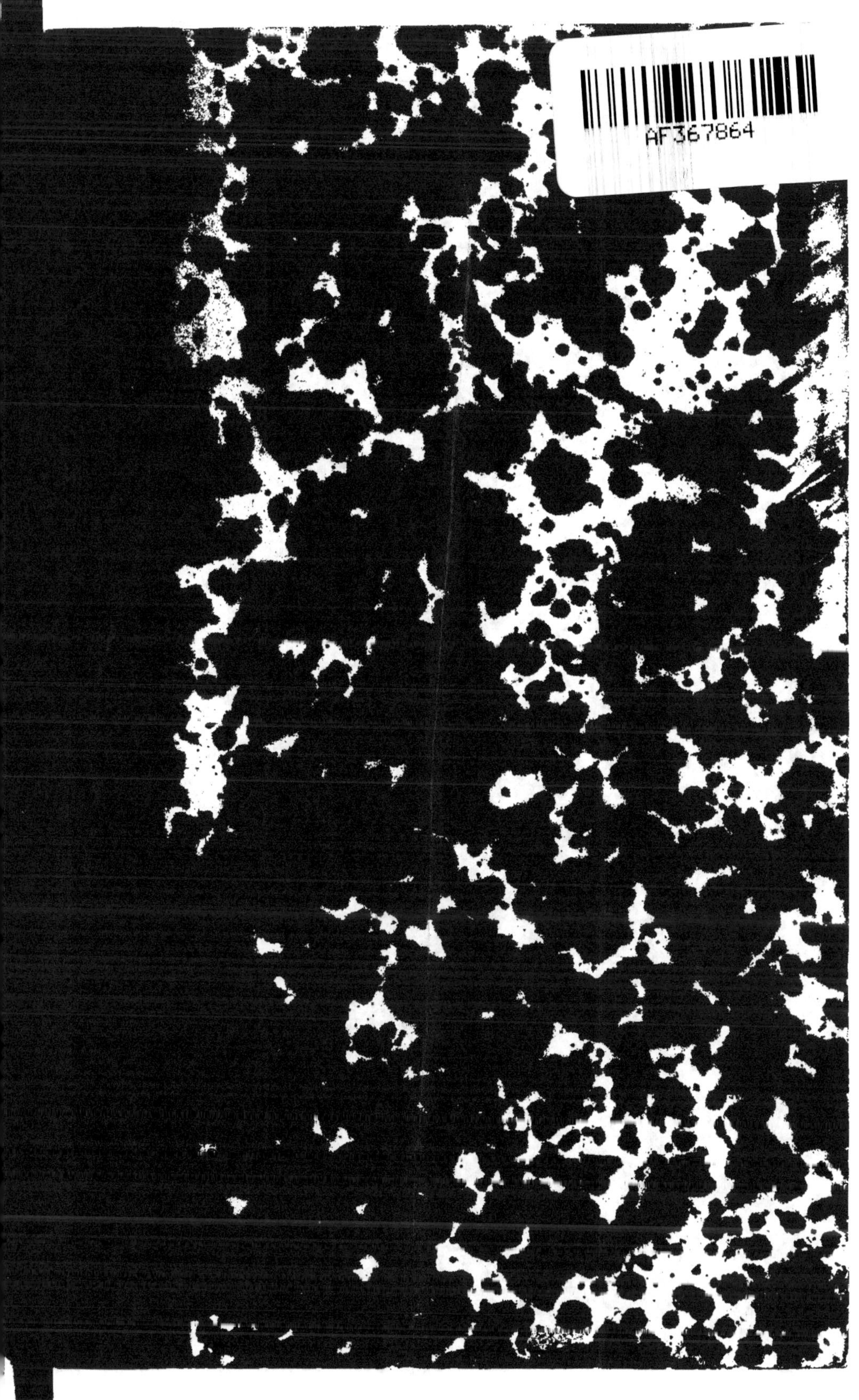

AF367864

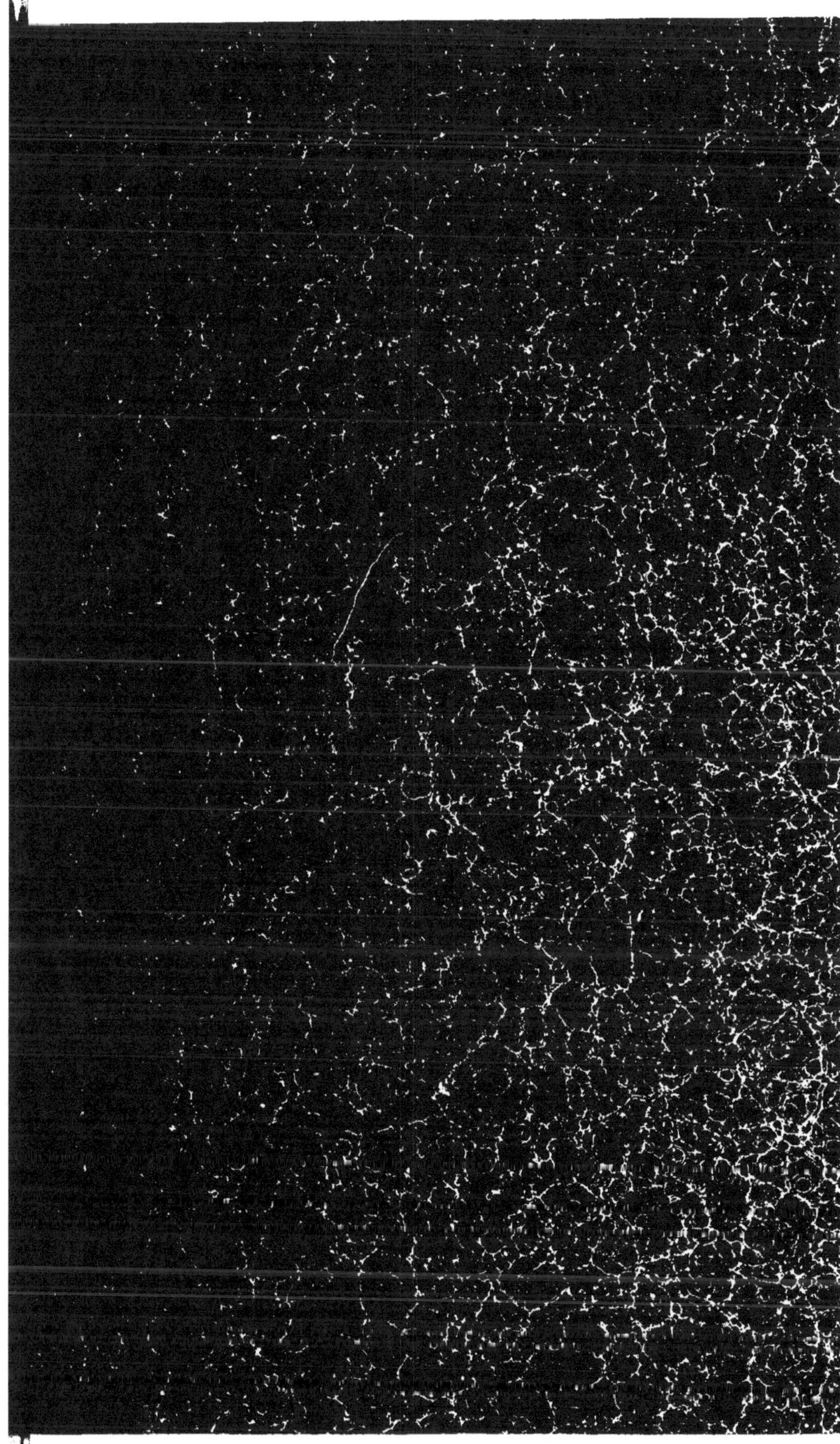

THÉORIE COMPLÈTE

DE

L'ARITHMÉTIQUE.

DE L'IMPRIMERIE DE FIRMIN DIDOT,
RUE JACOB, N° 24.

THÉORIE COMPLÈTE

DE

L'ARITHMÉTIQUE,

PAR A. SAUTEYRON,

MEMBRE DE L'UNIVERSITÉ DE FRANCE, ASSOCIÉ CORRESPONDANT DE L'ACADÉMIE ROYALE DES SCIENCES, BELLES-LETTRES ET ARTS DE BORDEAUX, ANCIEN PROFESSEUR DE MATHÉMATIQUES DES INGÉNIEURS GÉOMÈTRES DU CADASTRE, ET DE SCIENCES PHYSIQUES DANS LES LYCÉES IMPÉRIAUX ET LES COLLÉGES ROYAUX.

OUVRAGE ADOPTÉ PAR L'UNIVERSITÉ.

TROISIÈME ÉDITION.

PARIS,

CHEZ FIRMIN DIDOT FRÈRES, IMPRIMEURS-LIBRAIRES, RUE JACOB, 56.

BLOSSE, LIBRAIRE-ÉDITEUR, COUR DU COMMERCE, 7.
BACHELIER, QUAI DES AUGUSTINS, 55.
BÉCHET, RUE DE SORBONNE, 14.
DELALAIN, RUE DES MATHURINS, 5.
MAIRE-NYON, QUAI CONTI, 13.
MATHIAS, QUAI MALAQUAIS, 15.

1841.

PRÉFACE.

Cette Théorie est le développement du programme adopté pour l'enseignement de l'Arithmétique dans les Colléges royaux et communaux, les Institutions et les Pensions : elle comprend les connaissances exigées des candidats aux écoles polytechnique, normale, de la marine, militaires, forestière, des arts et manufactures, et au baccalauréat.

Revêtue de l'approbation de l'Université, elle sera sans doute accueillie favorablement.

On s'est proposé de présenter la Théorie de l'Arithmétique dégagée, autant qu'on l'a cru utile, des cas particuliers qui lui auraient fait perdre quelque chose de sa généralité.

Sous cette forme, l'ouvrage peut être facilement relu dans un seul jour.

Lorsqu'à la veille d'un examen, un aspirant, déjà instruit, parcourra la série des questions qui commencent au n° 133, et qu'il se trouvera arrêté par la difficulté de quelques-unes, il aura la facilité d'en trouver les solutions aux alinéa du livre précédés des mêmes numéros, ce qui le préservera de toute perte de temps.

Celles de ces questions qui sont précédées d'un astérisque * seront rarement posées dans un examen. Si on les a insérées dans l'ouvrage, c'est parce qu'elles peuvent préparer à en comprendre d'autres, et mettre les jeunes gens à même de généraliser leurs idées.

AVERTISSEMENT.

Les nombres, entre parenthèses, indiquent les alinéa où se trouvent les propositions sur lesquelles on s'appuie, et dont il est essentiel que le lecteur ait le souvenir.

ERRATA.

Pages 2 lignes 15, 16, 17, vaut, lisez : *représente.*

6   11 en remontant, effacez: *à sa droite.*

       10 zéros, ajoutez : *sur la droite.*

       7 voyons de, lisez : *Pour.*

7   22 supprimez *sa.*

8   1 de la, lisez à.

       4 dans, ajoutez : *le nombre que forment.*

11   5 en rem. répare, lisez : *répète.*

13   14 multiplicante, lisez : *multiplicande.*

17   9 quelconques, lisez : *décimaux.*

       20 et suiv. remplacez $=$ par *égale.*

       21 les deux membres de cette équation, lisez : *ces deux quantités égales.*

19   9 en rem. puissance, ajoutez : *de.*

23   18 égal, ajoutez : *au diviseur.*

24   22 droite, lisez : *suite.*

       23 supprimez : *derniers.*

45   10 en rem. voyons de, lisez : *On va.*

50   5 et 10 par, ajoutez : *un nombre exprimé par.*

65   dernière, étant, lisez : *exprimant.*

66   17 est, lisez : *expriment.*

74   12 Voyons de faire, lisez : *faisons.*

105   19 arithmétique, lisez : *par différence.*

109   6 peut, lisez : *veut.*

124   12 et 14, supprimez : *la.*

131   11 en remontant, nombres, lisez : *membres.*

132   6 $m^2 = \sqrt{10}$, lisez : $m^2 = 10.$

THÉORIE COMPLÈTE

DE

L'ARITHMÉTIQUE.

DÉFINITIONS.

1. Ox appelle en général *quantité* tout ce qui est susceptible d'augmentation ou de diminution.

2. On ne peut juger de la grandeur d'une quantité qu'en la comparant à une autre quantité connue et déterminée à la quelle on donne le nom d'*unité*. Ainsi l'unité est une quantité prise souvent arbitrairement pour servir de terme de comparaison entre toutes les quantités d'une même espèce, ou encore l'une des choses que l'on considère quand elles sont toutes d'une même espèce.

3. Un *nombre* est une collection d'unités, ou d'unités et de parties de l'unité.

On distingue deux espèces de nombres : les nombres entiers et les nombres fractionnaires.

4. Un *nombre entier* est un nombre qui ne renferme que des unités entières. Tel que douze.

5. Un *nombre fractionnaire* est un nombre qui contient des unités entières et des parties de l'unité. Huit deux tiers est un nombre fractionnaire.

6. Les *fractions* sont des quantités plus petites que l'unité. Trois quarts est une fraction.

7. Les *nombres abstraits* sont des nombres que l'on énonce sans désigner l'espèce des unités qu'ils renferment. Six est un nombre abstrait.

8. Les nombres dont on désigne l'espèce des unités sont appelés *nombres concrets*. Six mètres est un nombre concret.

Il est des nombres entiers et des nombres fractionnaires

abstraits et *concrets*. Une fraction peut aussi être *abstraite* ou *concrète*.

9. L'*Arithmétique* est la science des nombres; on l'a ainsi nommée du mot grec *arithmos* qui signifie *nombre*. Le but de cette science est d'enseigner à représenter les nombres, à les énoncer, à les composer, et à les décomposer facilement, ce qu'on appelle *calculer*.

DE LA NUMÉRATION.

10. La *numération* est l'art d'exprimer avec un petit nombre de noms et de caractères tous les nombres imaginables. Dans le système usuel de numération, on se sert des dix caractères : 0, 1, 2, 3, 4, 5, 6, 7, 8, 9, qui portent le nom commun de *chiffres*.

Le caractère 0, appelé *zéro*, n'a aucune valeur par lui-même.

Le chiffre 1, appelé *un*, représente l'unité.

Le chiffre 2, appelé *deux*, vaut 1 plus 1.

Le chiffre 3, appelé *trois*, vaut 2 plus 1; et ainsi de suite jusqu'au chiffre 9 qui vaut 8 plus 1.

11. Puisque le plus fort chiffre est 9, on ne peut, sans une convention, exprimer avec ces mêmes chiffres un nombre au-dessus de 9. Voilà pourquoi on est convenu que de chaque collection de 9 unités plus une, c'est-à-dire de dix unités simples, on formerait une seule unité à laquelle on donnerait le nom de *dixaine*; qu'on se servirait des mêmes chiffres pour représenter celles-ci, mais qu'on les distinguerait des unités simples en les plaçant à la gauche. Que de chaque collection de dix dixaines, on formerait une nouvelle espèce d'unité à laquelle on donnerait le nom de *centaine*, et qu'on placerait ces nouvelles unités à la gauche des dixaines, en les représentant d'ailleurs par les mêmes chiffres. On voit comment en continuant ainsi de former avec dix unités d'un ordre quelconque, une seule unité d'une espèce dix fois plus grande, on est parvenu à exprimer avec dix caractères seulement, tous les nombres entiers possibles *. Sur quoi il faut observer que lorsque l'on n'a pas d'unités d'un ordre quelconque, on met un *zéro* pour en tenir la place. D'après cette convention, il est aisé d'énoncer, à l'inspection seule d'un nombre entier, combien ce nombre renferme d'unités, de dixaines, de centaines, de mille, etc.

* Voyez la note première qui est à la fin du volume.

Soit, pour exemple, le nombre 8756043, dans lequel le chiffre 3 représente des unités, le chiffre 4 représente des dixaines, le o tient la place des centaines, le chiffre 6 représente des milles, le chiffre 5 représente des dixaines de mille, le 7 des centaines de mille, le 8 des millions.

Ensorte qu'il y a dans ce nombre 8 millions, 756 milles, 43 unités ; ou 875604 dixaines plus trois unités ; ou 87560 centaines, et 43 unités ; ou 8756 milles et 43 unités ; ou 875 dixaines de mille, 6 milles et 43 unités ; ou 87 centaines de mille, 56 milles et 43 unités ; ou, comme nous l'avons déja dit, 8 millions 756 milles 43 unités.

D'après ces diverses manières d'énoncer un même nombre, il sera aisé de sentir qu'on acquitterait une somme de 8756043 francs :

1° En donnant 875604 pièces de 10 francs et 3 pièces d'un fr.

2° En donnant 87560 billets de 100 francs, plus 43 francs, ou 4 pièces de 10 francs et 3 pièces d'un franc.

3° En donnant 8756 billets de 1000 francs, plus 43 francs.

4° En donnant 875 billets de dix mille francs, 6 billets de mille francs et enfin 43 francs.

5° En donnant 87 billets de cent mille francs, 5 billets de dix mille francs, 6 billets de mille francs et 43 francs ; ou 87 billets de cent mille francs, 56 billets de mille francs, et 43 francs.

6° En donnant 8 billets d'un million de francs chacun, 7 billets de cent mille francs, 5 billets de dix mille francs, 6 billets de mille francs, et 43 francs.

7° Ou 8 billets d'un million, 75 billets de dix mille francs, 6 billets de mille francs et 43 francs.

8° Ou 8 billets d'un million, 756 billets de mille francs et 43 francs, etc.

De même, un général qui aurait sous ses ordres 325412 soldats, verrait, à l'inspection seule de ce nombre, qu'il pourrait en former :

1° Trois corps d'armées de 100 mille hommes chacun, deux autres corps de 10 mille hommes, 5 bataillons de mille hommes, 4 compagnies de cent hommes, et qu'il y aurait 12 hommes de plus.

2° Ou encore trois armées de 100 mille hommes, 25 bataillons de mille hommes, et qu'il resterait encore 412 hommes.

3° Ou encore 32 divisions de dix mille hommes, 5 bataillons de mille hommes, et qu'il resterait encore 412 hommes de disponibles, etc.

12. Lorsqu'on veut énoncer facilement un nombre qui renferme beaucoup de chiffres, tel que le nombre 8756043, par exemple, on le partage, par des virgules, en tranches de trois chiffres chacune, en allant de doite à gauche. De cette manière 8,756,043, et alors la tranche qui est la plus à gauche peut, comme dans cet exemple, renfermer moins de trois chiffres. La première tranche à droite, est celle des *unités*, la suivante est celle des *mille*, la troisième celle des *millions*. Viennent ensuite les tranches qui représentent des *billions*, *trillions*, *quatrillions*, *quintrillions*, etc.

13. *Tout nombre entier à la droite du quel on écrit un zéro devient dix fois plus grand ;* car alors le chiffre qui représentait des unités représente maintenant le même nombre de dixaines, celui qui représentait des dixaines représente maintenant le même nombre de centaines, et ainsi de suite, de manière que chacune des parties du nombre devenant dix fois plus grande, le nombre proposé devient dix plus grand.

De même, *en écrivant deux zéros à la droite d'un nombre entier, ce nombre devient cent fois plus grand.* Car alors chacune de ses parties devient cent fois plus grande.

Par une raison semblable *tout nombre entier à la droite du quel on écrit 3, 4, 5, etc., zéros, devient mille fois plus grand dans le premier cas, dix mille fois plus grand dans le second, cent mille fois plus grand dans le troisième cas,* et ainsi de suite.

14. *Lorsqu'on supprime un zéro de la droite d'un nombre entier, ce nombre devient dix fois plus petit,* parce qu'alors chacun des chiffres de ce nombre exprime des unités dix fois petites ; ou bien encore parce que le nombre contient autant d'unités qu'il renfermait de dixaines.

Par une raison semblable, *tout nombre entier de la droite duquel on supprime deux, trois, quatre, etc., zéros, devient cent, mille, dix mille, etc. fois plus petit ;* car chacune de ses parties devient cent fois plus petite dans le premier cas, mille fois plus petite dans le second cas, cent mille fois plus petite dans le troisième cas, et ainsi de suite.

Si l'on voulait rendre un nombre entier dix mille fois plus petit, par exemple, et qu'il y eut moins de quatre zéros à sa droite, il est clair que cela ne pourrait pas se faire avec les notions que nous avons acquises jusqu'ici, mais la théorie des décimales nous y conduira plus tard.

De la numération des décimales.

15. A l'aide d'une convention semblable à celle qui a mis à portée de représenter avec dix caractères seulement tous les nombres entiers possibles, on est parvenu aussi à exprimer avec les mêmes caractères toutes les quantités de dix en dix fois plus petites que l'unité.

Pour cet effet, on est convenu que d'une seule unité simple on en formerait dix autres unités chacune dix fois plus petite, appelées par cette raison *dixièmes;* qu'on représenterait ces nouvelles unités par les mêmes chiffres que les unités simples ; mais qu'on les distinguerait de ces dernières en les plaçant à la droite, en interposant entre elles un point ou une virgule. Que de chaque dixième on formerait dix unités d'un ordre inférieur, qu'on appellerait, par cette raison, *centièmes ;* qu'on placerait ces nouvelles nnités à la droite des dixièmes en les représentant par les mêmes chiffres. Que de chaque centième on formerait dix unités appelées *millièmes*, et ainsi de suite.

16. Les quantités que nous venons de d'écrire et qui sont de dix en dix fois plus petites que l'uuité principale, sont ce qu'on appelle des *décimales.* Le grand rôle qu'elles jouent dans toutes les parties des mathématiques, et en particulier dans le nouveau système des poids et mesures, impose l'obligation de se les rendre familières.

Le point que l'on interpose entre les unités entières et les parties décimales, sera, à l'avenir, appelé *point décimal.*

17. Lorsqu'on n'a pas d'unités entières on met un zéro pour en tenir la place, on pose ensuite le point décimal, puis on écrit les décimales.

18. Lorsqu'un nombre renferme des unités entières et des parties décimales, on est dans l'usage d'énoncer d'abord les unités entières, puis les décimales, et de donner à la partie du nombre qui représente celles-ci, le nom des unités de la plus petite espèce. D'après cela, le nombre 425.637, composé de 425 unités entières, plus 6 dixièmes, 3 centièmes et 7 millièmes, s'énonce ainsi : 425 unités 637 millièmes. Car les 6 dixièmes valent 60 centièmes ou 600 millièmes, les 3 centièmes valent 30 millièmes et comme il y a de plus 7 millièmes, les 6 dixièmes, 3 centièmes, 7 millièmes, font 637 millièmes. On pourrait encore exprimer tout ce nombre en millièmes et il y en aurait 425637. On pourrait même le

rendre ainsi : 42563 centièmes et 7 millièmes ; ou 4256 dixièmes, 3 centièmes et 7 millièmes ; ou 4256 dixièmes, 37 millièmes ; et ainsi de suite.

19. *En reculant le point décimal d'une place vers la droite d'un nombre dans lequel il y a des décimales, on rend ce nombre dix fois plus grand ;* parce que chacune des parties qui le composent deviennent dix fois plus grandes ; c'est-à-dire que le chiffre qui représentait des millièmes, par exemple, représenterait maintenant le même nombre de centièmes, qui sont dix fois plus grands que les millièmes ; celui qui représentait des centièmes représenterait maintenant le même nombre de dixièmes qui sont dix fois plus grands que les centièmes, celui qui représentait des dixièmes représenterait maintenant le même nombre d'unités ; et ainsi de suite.

On prouverait par un raisonnement analogue, qu'*en reculant le point décimal de deux, trois, quatre, etc., places vers la droite, le nombre proposé deviendrait cent fois plus grand dans le premier cas, mille fois plus grand dans le second cas, dix mille fois plus grand dans le troisième cas ;* et ainsi de suite.

20. *Si on avançait le point décimal, d'une, deux, trois, etc., places vers la gauche, le nombre proposé deviendrait dix, cent, mille, etc., fois plus petit ;* parce qu'alors chacune de ses parties deviendrait dix fois plus petite dans le premier cas, cent fois plus petite dans le second, mille fois plus petite dans le troisième ; et ainsi de suite.

21. *Lorsqu'à la droite d'une quantité décimale on écrit un ou plusieurs zéros, cette quantité ne change pas de valeur.*

Car en énonçant la quantité décimale en unités de la plus petite espèce (18), elle contiendra ou dix, ou cent, ou mille, etc., fois plus de parties qu'auparavant, suivant qu'on aura écrit à sa droite un, ou deux, ou trois, etc., zéros, mais ces parties seront devenues les mêmes nombres de fois plus petites ; il y aura donc compensation.

Voyons de le démontrer à l'aide d'un exemple. Soit la quantité décimale, 0.47, nous prétendons que si on écrit deux zéros, par exemple, à sa droite, on aura 0.4700 de même valeur que 0.47. Car, dans 0.4700 il y a cent fois plus de parties que dans 0.47. Mais ces parties, qui sont des dix millièmes, sont cent fois plus petites que les centièmes.

On peut encore le démontrer ainsi : Puisque chaque dixième

vaut dix centièmes, les 4 dixièmes vaudront 40 centièmes ; en y réunissant les 7 centièmes qui sont dans la colonne des centièmes, oon aura 47 centièmes ; mais puisque chaque centième vaut dix millièmes, les 47 centièmes vaudront dix fois plus de millièmes, ou 470 millièmes ; or, chaque millième vaut dix dix millièmes ; donc les 470 millièmes feront 4700 dix millièmes ; donc en effet 0.47 est une quantité de même valeur que 0.4700.

Une démonstration qui fera peut-être plus d'impression est celle-ci :

Dans 0.4700 il n'y a que *quatre dixièmes et sept centièmes*, comme dans 0.47 ; et comme les deux zéros mis à la droite de cette dernière quantité n'ont aucune valeur par eux-mêmes, il en résulte que 0.4700 est de même valeur que 0.47.

Mais comme l'une ou l'autre de ces démonstrations est applicable à toute autre quantité décimale, il s'en suit qu'en écrivant à la droite de celle-ci autant de zéros qu'on voudra on ne changera que la forme de cette quantité et non sa valeur.

On voit, d'après cela, qu'il n'en est pas d'une quantité décimale comme d'un nombre entier ; car, celui-ci devient dix, cent, mille, etc., fois plus grand, selon qu'on écrit 1, 2, 3, etc., zéros à sa droite, tandis que dans les mêmes circonstances la quantité décimale ne change pas de valeur.

22. *Si l'on supprimait un, deux, trois, etc., zéros de la droite d'une quantité décimale, cette quantité ne changerait pas de valeur.* En effet, on aurait ou dix, ou cent, ou mille, etc., fois moins de parties dans cette quantité, mais ces parties seraient dix fois plus grandes dans le premier cas, cent fois plus grandes dans le second, mille fois plus grandes dans le troisième ; et ainsi de suite.

23. *Si l'on supprimait le point décimal dans un nombre qui aurait un, deux, trois, etc., chiffres décimaux, ce nombre deviendrait ou dix, ou cent, ou mille, etc., fois plus grand, selon qu'il renfermerait un, ou deux, ou trois, etc., chiffres décimaux ;* car, chacune des parties de ce nombre deviendait ou dix, ou cent, ou mille, etc., fois plus grande.

24. *Si l'on séparait, par le point décimal, un, ou deux, ou trois, etc., chiffres de la droite du nombre entier, ce nombre deviendrait ou dix, ou cent, ou mille, etc., fois plus petit ;* car, chacune de ses parties deviendrait dix fois plus petite dans le premier cas, cent fois plus petite dans le second, mille fois plus petite dans le troisième ; et ainsi de suite

24*. Il résulte de là que si de la droite d'un nombre entier, on supprimait les deux premiers chiffres, par exemple, ce nombre deviendrait cent fois plus petit, et serait diminué ensuite d'autant de centièmes qu'il y avait d'unités dans les deux chiffres supprimés.

Soit, pour exemple, le nombre 83674.

Si nous séparons, par le point décimal, les deux premiers chiffres de la droite de ce nombre, il deviendra cent fois plus petit, et nous aurons 836.74 ; supprimant ensuite la fraction décimale 0.74 on aura 836 unités, qui est bien le nombre proposé de la droite du quel on a supprimé les deux premiers chiffres : ainsi ce nombre est devenu d'un côté cent fois plus petit, et a été ensuite diminué de 74 centièmes de l'unité.

DES QUATRE OPÉRATIONS FONDAMENTALES DE L'ARITHMÉTIQUE SUR LES NOMBRES ENTIERS ET LES NOMBRES DÉCIMAUX.

De l'Addition.

25. *L'addition* est une opération par laquelle on exprime la valeur totale de plusieurs nombres par un seul qui les égale tous en valeur. Ce seul nombre est ce qu'on appelle la *somme* des nombres proposés. Ainsi le résulat de l'addition s'appelle *somme*.

26. Le moyen qui se présente naturellement pour faire une addition de nombres entiers consiste à faire d'abord une somme des unités, puis une somme des dixaines, puis une somme des centaines, et ainsi de suite. Mais pour opérer avec facilité on écrira les nombres les uns sous les autres, en ayant le soin de disposer les unités d'une même espèce dans une même colonne verticale, on soulignera le tout et on commencera l'opération par la droite. On fera une somme des unités ; si cette somme ne passe pas 9, on l'écrira au-dessous ; si elle surpasse 9, on n'écrira au-dessous que l'excédent du plus grand nombre de dixaines, et on retiendra celles-ci pour les porter dans la colonne de dixaines sur laquelle on opérera de la même manière ; et ainsi de suite, en ayant l'attention d'écrire zéro à la somme toutes les fois qu'il n'y aura pas, dans cette somme, d'unités de l'espèce de celles sur lesquelles on opère.

Il est évident qu'on obtient par ce procédé la somme des nombres proposés, puisque le résultat se compose de la réunion successive des unités, des dixaines, des centaines, des milles, etc., de ces mêmes nombres.

27. Lorsqu'il y a des décimales dans les nombres qu'il s'agit d'ajouter, l'on écrit, comme précédemment, ces nombres les uns sous les autres, de manière que les unités d'une même espèce soient disposées dans une même colonne verticale; on commence l'opération par la droite; on opère comme il a été dit dans le numéro précédent, et on sépare sur la droite de la somme, par le point décimal, autant de chiffres décimaux qu'il y en a dans celui des nombres qui en renferme le plus.

28. Lorsqu'on ne veut qu'indiquer une addition, on sépare les nombres par le signe +, qui signifie *plus*. Ainsi 4 + 3, signifie 4 *plus* 3, ou bien 7.

En général, si a et b représentent deux quantités, $a+b$ indique la somme de ces deux quantités.

De la Soustraction.

29. La *soustraction* est une opération par laquelle on prend la différence entre deux quantités.

Nous appellerons *reste*, *excès* et quelque fois *différence* le résultat de la soustraction.

30. La soustraction des nombres entiers se fait en écrivant le nombre à retrancher au-dessous de celui dont on veut le retrancher, de manière que les unités d'une même espèce soient, comme pour l'addition, dans une même colonne verticale; on souligne le tout, on retranche, en commençant par les unités, chaque chiffre du nombre inférieur de son correspondant supérieur et on écrit chaque fois le reste au-dessous; zéro s'il ne reste rien.

Il est évident que par cette manière d'opérer on obtient ce dont le plus grand nombre excède le plus petit, puisqu'on a retranché chacune des parties de celui-ci, de la partie de même espèce qui se trouve dans le nombre supérieur.

31. Si quelques-uns des chiffres du nombre inférieur ne pouvaient pas être retranchés de leurs correspondants supérieurs, on emprunterait dans le nombre supérieur une unité sur le premier chiffre significatif de la gauche de celui sur lequel on opère; cette unité en vaudrait 10 de l'espèce immédiatement inférieure, on en laisserait (par la pensée) 9 sur cette colonne, et on en retien-

drait une qui vaudrait 10 unités de l'espèce immédiatement plus petite, on en laisserait 9 (par la pensée) sur la colonne de cette dernière espèce, et l'on continuerait comme précédemment jusqu'à ce qu'on soit arrivé à la colonne sur laquelle on opère. Puisque l'unité retenue de l'espèce immédiatement supérieure à celle sur laquelle on opère, vaut dix unités de cette dernière espèce, on ajoutera 10 au chiffre qui s'y trouve, et de la somme on retranchera le chiffre inférieur; on retranchera enfin chacun des autres chiffres de la gauche de 9 retenu mentalement, et cela jusqu'à ce qu'on soit arrivé au chiffre sur lequel on a fait l'emprunt, et que l'on considérera alors comme valant une unité de moins. En opérant ainsi on écrit chaque reste au fur et à mesure qu'on l'obtient.

32. Lorsqu'il y a des parties décimales, on écrit comme précédemment le nombre à retrancher au-dessous de celui dont on veut le retrancher, de manière que les unités d'une même espèce se correspondent; on complète, si l'on veut, les décimales (ce qui se fait en écrivant à la droite du nombre qui a le moins de chiffres décimaux autant de zéros qu'il est nécessaire pour que le nombre des chiffres décimaux soit le même dans chacun, ce qui n'en change pas la valeur); on fait la soustraction comme pour les nombres entiers, et on sépare, par le point décimal, sur la droite du reste, autant de chiffres décimaux qu'il y en a dans celui des nombres qui en renferme le plus.

33. Lorsqu'on ne veut qu'indiquer une soustraction, au lieu de l'effectuer, on interpose entre les deux nombres le signe — qui signifie *moins* et qu'on appelle *négatif*. Ainsi 8—3, signifie 8 *moins* 3 ou 5.

En général, si d'une quantité représentée par a on voulait retrancher une quantitée représentée par b le reste serait $a-b$. Si a est plus grand que b le résultat sera *positif* ou affecté du signe $+$, ce qui est évident. Si, au contraire, a était plus petit que b le résultat serait *négatif*. En effet, si de 15 on voulait retrancher 21 il faudrait écrire 15—21, on 15—15—6, puisque —21 égale —15—6; or, 15—15 égale zéro; donc 15—21 égale —6.

$a+b-c$ indique que de la somme faite des quantités représentées par a et b, on doit retrancher la quantité représentée par c.

Preuves de l'addition et de la soustraction.

34. On appelle *preuve d'une opération* une autre opération que l'on fait pour s'assurer de l'exactitude du résultat de cette première opération.

35. La preuve de l'addition se fait en recommençant l'opération, mais par la gauche; on fait une somme des unités qui se trouvent dans la colonne la plus à gauche, on retranche cette somme de la partie qui lui correspond dans la première somme obtenue, on écrit le reste au-dessous; à côté de ce reste on abaisse le chiffre qui est à droite de celui ou de ceux dont on a retranché; on fait une somme des unités qui se trouvent dans la colonne qui vient immédiatement après celle sur laquelle on a opéré, on retranche cette somme de la quantité que forme le reste obtenu avec le chiffre descendu, on écrit le reste au-dessous; on abaisse à son côté le chiffre de la droite de celui déjà descendu, et on continue sur les autres colonnes comme il vient d'être fait sur les précédentes.

36. Lorsqu'après avoir épuisé toutes les colonnes, il ne reste rien, on est sûr de l'exactitude de la première opération; parce que ayant retranché de la somme, successivement chacune des parties qui la composent, il faut bien qu'à la fin il ne reste rien.

D'après cela, s'il restait quelque chose, la somme primitive ne serait pas celle des nombres proposés; car, si elle l'était, il ne devrait rien rester.

37. La preuve de la soustraction se fait en ajoutant le reste au nombre retranché, cette somme doit, si la première opération a été bien faite, égaler le nombre duquel on a retranché.

En effet, le reste vaut le nombre dont a retranché, moins le nombre retranché; donc réciproquement, le reste, plus le nombre retranché, doit égaler le nombre du quel on a retranché.

De la Multiplication.

38. La *multiplication* des nombres entiers est une opération par laquelle on prend ou on répare un de ces nombres autant de fois qu'il y a d'unités dans un autre.

Mais multiplier un nombre quelconque N par 3.25, par exemple, c'est prendre ce nombre N 3 fois et ajouter au résultat 25 fois la centième partie de ce nombre N.

39. Dans toute multiplication, on donne le nom de *multiplicande* au nombre à multiplier ou que l'on multiplie.

Le *multiplicateur* est celui par lequel on multiplie, ou par lequel on doit multiplier.

40. Le résultat de la multiplication s'appelle *produit*.

41. Le multiplicande et le multiplicateur sont appelés, d'un nom commun, les *facteurs du produit.*

42. Le multiplicateur indique qu'il s'agit de composer avec le multiplicande une quantité qui soit à ce multiplicande ce que le multiplicateur est à l'unité. C'est-à-dire que si le multiplicateur était double, ou triple, ou quadruple de l'unité, le produit serait, dans les mêmes circonstances, double, ou triple, ou quadruple du multiplicande. Si le multiplicateur était 4.27, par exemple, le produit serait composé de 4 fois le multiplicande, plus 27 fois la centième partie de ce même multiplicande. Si le multiplicateur était o.6, le produit serait 6 fois la dixième partie du multiplicande.

43. Il résulte de là que dans toute multiplication les unités du produit doivent toujours être de même espèce que celles du multiplicande. Car c'est le multiplicande qui est pris ou répété d'abord autant de fois qu'il y a d'unités dans le multiplicateur, et dont on prend ensuite des parties indiquées par la fraction qui accompagne les unités entières du multiplicateur quand il y en a une.

De la multiplication des nombres entiers.

44. La multiplication d'un nombre qui n'a qu'un seul chiffre, par un autre nombre exprimé aussi par un seul chiffre n'a pas besoin de règle.

En effet, 1 fois 1 est 1, 1 fois 2 est 2, 1 fois 3 est 3, et ainsi de suite jusqu'à 1 fois 9 qui est 9; 2 fois 1 font 2, 2 fois 2 font 4, 2 fois 3 font 6, 2 fois 4 font 8, 2 fois 5 font 10, 2 fois 6 font 12, 2 fois 7 font 14, 2 fois 8 font 16, 2 fois 9 font 18; 3 fois 1 est 3, 3 fois 2 font 6, 3 fois 3 font 9, 3 fois 4 font 12, 3 fois 5 font 15, 3 fois 6 font 18, 3 fois 7 font 21, 3 fois 8 font 24, 3 fois 9 font 27, et ainsi de suite jusqu'au produit de 9 par 9 qui est 81.

45. Pour faire une multiplication de nombres entiers lorsque les deux facteurs renferment plusieurs chiffres, on écrit le multiplicateur au-dessous du multiplicande, on souligne le tout; on

commence l'opération par la droite ; on répète chacun des chiffres du multiplicande autant de fois qu'il y a d'unités dans chacun des chiffres du multiplicateur, en ayant le soin d'écrire *zéro* toutes les fois qu'on n'aura pas d'unités de l'ordre sur lequel on opère, et de porter les dixaines de ce dernier ordre sur la colonne immédiatement supérieure afin de les ajouter au produit du chiffre qui s'y trouve par le chiffre par lequel on multiplie. Lorsqu'on multipliera par le second, le troisième, etc., chiffre du multiplicateur, on aura soin d'avancer chacun des chiffres de ces produits partiels d'une, deux, trois, etc., places vers la gauche. La somme de tous ces produits partiels, sera le produit cherché.

Lorsqu'on multiplie par le second chiffre du multiplicateur, qui est des dixaines, le produit doit être compté aussi pour des dixaines, attendu que c'est prendre le multiplicande dix fois plus souvent que si on le multipliait par le même nombre d'unités. C'est pour cette raison qu'il faut avancer ce produit partiel d'une place vers la gauche.

Si c'est par le troisième chiffre du multiplicateur, que l'on multiplie, le produit doit être compté pour des centaines, puisque le multiplicateur est des centaines ; nous avons donc eu raison de dire que dans ce cas il fallait avancer chacun des chiffres du produit partiel de deux rangs vers la gauche ; et ainsi de suite.

Il est aisé de voir que *par cette manière d'opérer on répète le multiplicande autant de fois qu'il y a d'unités dans le multiplicateur.*

En effet, supposons que le multiplicateur soit 634 ; en multipliant d'abord le multiplicande, quelqu'il soit, par le chiffre 4, nous répétons ce multiplicande 4 fois ; en multipliant ensuite celui-ci par 3 qui exprime 3 dixaines, nous le répétons 3 dixaines de fois ou 30 fois ; or, nous l'avons déja répété 4 fois : donc nous l'avons répété en tout 34 fois. Multipliant enfin le multiplicande par 6, qui représente des centaines, c'est le répéter 6 centaines de fois ou 6 cents fois ; or, nous venons de voir qu'il a déja été répété 34 fois ; donc il est répété en tout 634 fois ; c'est-à-dire autant de fois que le multiplicateur contient d'unités.

Lorsque aulieu d'*effectuer* une multiplication on ne veut que l'*indiquer* on interpose entre ses facteurs le signe $\times$ qui signifie *multiplié par ;* de manière que 3×2, signifie 3 multiplié par 2 ou 6 ; de même $3 \times 2 \times 5$, indique le produit des facteurs 3, 2, 5 ; et ainsi de suite.

46. *Si l'on rendait le multiplicande un certain nombre de fois plus grand, le produit serait ce même nombre de fois plus grand;* puisque l'on prendrait alors un multiplicande ce même nombre de fois plus grand, toujours autant de fois que le marque le multiplicateur. Ainsi chaque partie du produit devenant le même nombre de fois plus grande, tout le produit devient aussi ce même nombre de fois plus grand.

47. *Si l'on rendait le multiplicateur un certain nombre de fois plus grand, le produit deviendrait ce même nombre de fois plus grand*, puisqu'on prendrait alors le même multiplicande, ce nombre de fois plus souvent qu'auparavant.

48. Il résulte des deux principes (46 et 47) que c'est multiplier un produit par un nombre entier, que de multiplier l'un de ses deux facteurs par ce nombre.

49. *Si l'on rendait le multiplicande un certain nombre de fois plus petit, le produit deviendrait ce même nombre de fois plus petit;* car on répéterait un multiplicande devenu ce même nombre de fois plus petit toujours autant de fois que le marque le multiplicateur. Ainsi chaque partie du produit devenant le même nombre de fois plus petite, tout le produit devient aussi ce même nombre de fois plus petit.

50. *Si l'on rendait le multiplicateur un certain nombre de fois plus petit, le produit deviendrait ce même nombre de fois plus petit;* car on prendrait le multiplicande proposé ce même nombre de fois moins souvent qu'auparavant.

51. *Lorsque le multiplicande, ou le multiplicateur, ou tous les deux, sont terminés par des zéros, on peut abréger l'opération en faisant la multiplication comme s'il n'y avait pas de zéros ; mais écrivant ensuite à la droite du produit, autant de zéros qu'il y en a dans les deux facteurs.*

Pour le démontrer, supposons qu'il y ait trois zéros au multiplicande et deux au multiplicateur. En négligeant les 3 zéros du multiplicande, on rend ce multiplicande mille fois plus petit (14). Le produit est donc ici mille fois trop petit (49). En négligeant les deux zéros du multiplicateur, ce multiplicateur devient cent fois plus petit (14) et parconséquent le produit aussi (50). Puis donc que par la première opération on a rendu le produit mille fois trop petit, et cent fois trop petit par la seconde, il est en tout cent fois, mille fois trop petit, c'est-à-dire cent mille fois trop petit. Pour le ramener à sa valeur, il faut donc le rendre cent mille fois plus grand, ce qui se fait en écrivant à la droite, cinq zéros (13), c'est-à-dire, autant qu'il y en a dans les deux facteurs.

52. *Lorsqu'il se trouve des zéros entre les chiffres du multiplicateur, il faut négliger la multiplication par ces zéros, et avancer les produits, par les premiers chiffres significatifs de la gauche, d'autant de rangs plus un, qu'il y a de zéros écrits de suite.*

Pour le prouver, supposons que les deux chiffres du multiplicateur qui sont à gauche des unités simples, soient des zéros, en multipliant par le chiffre qui est à gauche des zéros, on a des mille au produit, puisque le multiplicateur est des mille. Il faut donc placer le premier chiffre de ce produit, sous les mille; c'est-à-dire le placer de trois rangs plus à gauche que les unités simples; c'est-à-dire enfin, d'autant de rangs plus un qu'il y a de zéros.

Ce raisonnement s'applique à tous les cas.

53. *Lorsque dans la multiplication des nombres entiers, on considère les nombres d'une manière abstraite, on peut prendre indifféremment le multiplicande pour le multiplicateur, ou le multiplicateur pour le multiplicande, et il en résulte toujours le même produit.*

Pour le prouver, soit 4 à multiplier par 3. Nous pouvons représenter le multiplicande par $1+1+1+1$ et le multiplicateur par $1+1+1$. Or, en multipliant $1+1+1+1$ par $1+1+1$ le produit sera évidemment

une fois $1+1+1+1$,

plus une deuxième fois $1+1+1+1$,

et plus une troisième fois $1+1+1+1$;

De même le produit de 3 par 4, sera

une fois $1+1+1$,

plus une autre fois $1+1+1$,

plus une autre fois $1+1+1$,

Et plus une autre fois $1+1+1$.

Or, le premier de ces deux produits est évidemment égal au second, car les première, deuxième et troisième colonnes horizontales du premier, sont respectivement égales aux première, deuxième et troisième colonnes verticales du second; donc ces deux produits sont égaux; donc *dans quelque ordre que l'on multiplie deux facteurs entiers on obtiendra toujours le même produit.*

De la multiplication des nombres décimaux.

54. *La multiplication, lorsqu'il y a des parties décimales, se fait comme à l'ordinaire, sans considération pour le point décimal, on sépare ensuite sur la droite du produit (par le point décimal), autant de chiffres décimaux qu'il y en a dans les deux facteurs.*

Pour le démontrer, admettons qu'il y ait deux chiffres décimaux au multiplicande, et un au multiplicateur. Faisons la multiplication comme s'il n'y avait pas de point décimal. Dans cette multiplication de nombres entiers, le multiplicande, qui renfermait d'abord deux chiffres décimaux, est cent fois plus grand qu'il devrait-être; et le multiplicateur, qui renfermait d'abord un chiffre décimal, est dix fois trop grand (23); or, quand le multiplicande devient cent fois plus grand nous avons vu (46) que le produit est cent fois trop grand; et quand le multiplicateur devient dix fois plus grand le produit est dix fois trop grand (47). Le produit est donc en tout dix fois cent fois trop grand, c'est-à-dire mille fois trop grand. Il faut donc, pour le ramener à sa valeur, le rendre ce même nombre de fois plus petit, ce qui se fait en séparant sur la droite, par le point décimal, trois chiffres décimaux (24), c'est-à-dire autant qu'il y en a dans les deux facteurs ensemble.

Si le produit ne renfermait pas assez de chiffres pour qu'on put en séparer sur la droite autant qu'il y a de chiffres décimaux dans les deux facteurs, on y suppléerait par des zéros que l'on placerait à la gauche, ce qui n'altérerait nullement le produit.

55. Puisque la multiplication des nombres décimaux peut-être ramenée au cas de la multiplication de deux nombres entiers pourvu qu'on sépare sur la droite du produit, par le point décimal, autant de chiffres décimaux qu'il y en a dans les deux facteurs, il en résulte que si l'on eût préalablement multiplié l'un des deux facteurs par un nombre quelconque N, le produit serait multiplié par ce nombre N. De manière que c'est *multiplier un produit de deux facteurs décimaux, et aussi de deux facteurs quelconques, par un nombre* N, *que de multiplier l'un de ses facteurs par ce nombre* N.

56. Nous avons déja prouvé (53) que dans quelque ordre qu'on multiplie deux facteurs entiers abstraits, on obtient le même produit. Je dis maintenant que *dans quelqu'ordre qu'on multiplie deux facteurs abstraits quelconques, on obtiendra toujours le même produit.*

Soit, pour fixer nos idées, le nombre 2.36 à multiplier par 3.4. Je dis qu'on aura le même produit en multipliant 3.4 par 2.36. En effet, le produit de 236 par 34 est le même que celui de 34 par 236; nous l'avons démontré (53). Or, chacun de ces produits est mille fois trop grand (54); donc, en rendant chacun d'eux mille fois plus petit, le produit de 2.36 par 3.4 sera le même que celui de 3.4 par 2.36. Et comme le raisonnement que nous venons de faire n'est pas plus particulier aux deux nombres proposés qu'à deux autres nombres quelconques, il en résulte que l'énoncé de la proposition se trouve justifié.

57. Maintenant il est aisé de démontrer, que, *dans quelque ordre qu'on multiplie un nombre quelconque de facteurs abstraits, on obtient toujours le même produit.*

Prouvons d'abord que, dans un produit $7 \times 6 \times 5 \times 4 \times 3 \times 2$ d'un nombre quelconque de facteurs abstraits, on peut intervertir l'ordre des deux derniers facteurs 3 et 2.

En effet, on ne peut passer à la multiplication par l'avant-dernier facteur 3, qu'autant que le produit de tous les facteurs précédents 7,6,5,4 aura été effectué. Soit P ce produit, on aura

$$P \times 3 = P + P + P;$$

multipliant les deux membres de cette équation par le dernier facteur 2, on a

$$P \times 3 \times 2 = P \times 2 + P \times 2 + P \times 2 =$$
$$= P \times 2 \text{ pris 3 fois } =$$
$$= P \times 2 \times 3.$$

Remplaçant P par sa valeur $7 \times 6 \times 5 \times 4$ on a

$$7 \times 6 \times 5 \times 4 \times 3 \times 2 = 7 \times 6 \times 5 \times 4 \times 2 \times 3.$$

ce qu'il s'agissait d'abord de prouver.

Je dis maintenant que dans un produit $7 \times 6 \times 5 \times 4 \times 3 \times 2 \times$ etc. d'un nombre quelconque de facteurs abstraits on peut, sans changer la valeur numérique de ce produit, intervertir l'ordre de deux facteurs quelconques, celui des facteurs 5 et 4 par exemple.

Dans la vue de le démontrer, faisons d'abord abstraction de tous les facteurs 3, 2, etc., qui viennent après. Alors, dans le produit $7 \times 6 \times 5 \times 4$ on pourra intervertir l'ordre des deux derniers facteurs, et on aura le produit égal $7 \times 6 \times 4 \times 5$. Puisque ces deux derniers produits sont égaux, en les multipliant tous deux d'abord par trois, ensuite par 2 etc., on obtiendra encore des produits égaux.

Il résulte de ceci et de ce qui précède, que dans un produit d'un nombre quelconque de facteurs abstraits on peut mettre le dernier facteur à toutes les places; qu'il en est de même de l'avant-dernier, de même de celui qui précède celui-ci, et ainsi de suite. Ce qui démontre bien que, dans quelque ordre qu'on multiplie un nombre quelconque de facteurs abstraits, on obtient toujours le même produit.

58*. Si, dans une multiplication, on augmentait le multiplicateur d'une, deux, trois, etc. , unités, le produit augmenterait respectivement d'une, deux, trois, etc. fois le multiplicande; car le multiplicateur contenant l'unité une, deux, trois, etc. fois de plus qu'auparavant, le produit doit contenir le multiplicande une, deux, trois, etc., fois de plus (42).

59*. De même, si on augmentait le multiplicande d'une ou deux, ou trois, etc., unités, le produit augmenterait d'une ou deux, ou trois, etc., fois le multiplicateur; car en prenant, dans la multiplication, le multiplicande pour le multiplicateur (53 et 55), on serait ramené au cas où, augmentant le multiplicateur d'une, deux ou trois, etc., unités, le produit augmente d'une ou deux, ou trois, etc., fois le multiplicande (58*).

60*. Il résulte de ces deux dernières propositions, que si l'on augmentait le multiplicande et le multiplicateur chacun d'une unité, le produit augmenterait d'une fois le multiplicande, plus une fois le multiplicateur, plus d'une unité.

Et en général, si on ajoutait un certain nombre d'unités au multiplicande et un nombre quelconque au multiplicateur, le produit augmenterait d'autant de fois le multiplicateur qu'on aurait ajouté d'unités au multiplicande, plus d'autant de fois le multiplicande qu'on aurait ajouté d'unités au multiplicateur, plus enfin d'autant d'unités qu'il y en aurait dans le produit des deux nombres ajoutés au multiplicande et au multiplicateur.

61. Nous avons déjà dit que lorsqu'on ne veut qu'*indiquer* la multiplication de deux ou plusieurs nombres, on interpose entre eux le signe $\times$ qui signifie *multiplié par*; ainsi 8×3, signifie 8 multiplié par 3, ou 24; $8 \times 3 \times 2$, signifie 8 multiplié par 3 et le produit multiplié par 2, ou 8 multiplié par le produit de 3 par 2.

En général, si a et b représentent deux quantités, $a \times b$ indique leur produit.

Si on avait la somme de deux quantités a et b à multiplier par c, on l'indiquerait ainsi $(a+b)\times c$, en renfermant, comme on voit, la somme $a+b$ des quantités a et b entre deux parenthèses.

Quelquefois on remplace le signe $\times$ par un point, ou même on n'interpose aucun signe entre les facteurs : ainsi chacune des expressions,

$(a+b)\times c$, $(a+b).\,c$, $(a+b)\,c$, indique le produit de $a+b$ par c;
$(a+b-c)\,(d-f)$, indique le produit de $a+b-c$ par $d-f$.

De même, $7\times a$ ou $7.a$ ou encore $7\,a$ indique le produit de a par 7, ou, ce qui revient au même, indique que la quantité a est prise 7 fois. Ainsi $a+a+a+a+a+a+a$, se représente plus simplement par $7\,a$. Ce nombre 7, et en général tout nombre qui précède une lettre, est appelé *coëfficient*. Il est destiné à indiquer le nombre de fois que la quantité représentée par cette lettre doit être prise.

62. *Pour faire la multiplication des quantités littérales affectées de coëfficients, il faut écrire les lettres à la suite les unes des autres et leur donner pour coëfficient le produit des coëfficients de ces lettres dans le multiplicande et dans le multiplicateur.* C'est ainsi qu'on trouvera que le produit de $7\,a$ par $5\,b$ est $35\,a\,b$.

En effet, si nous avions la quantité représentée par a à multiplier par la quantité représentée par b, le produit serait $a\,b$; mais ce n'était pas a seulement qu'il fallait multiplier par b, c'était une quantité 7 fois plus grande que a qu'il s'agissait de multiplier par une quantité 5 fois plus grande que b, le produit obtenu est donc 5 fois 7 fois trop petit, ou 35 fois trop petit; il faut donc, pour le ramener à sa valeur, le rendre 35 fois plus grand, ce qui se fait en lui donnant 35 pour coëfficient.

Donc en effet, pour faire la multiplication, etc.

63. Lorsque plusieurs facteurs sont égaux, on donne à leur produit le nom de *puissance*. Ainsi $a\times a$ est la *seconde puissance* de a, et s'écrit ainsi : a^2; $a\times a\times a$ ou la *troisième puissance* de a s'écrit ainsi : a^3; a^4 indique la *quatrième puissance* a; c'est-à-dire le produit dans lequel a est quatre fois facteur. Ce nombre, tel que 2, 3, 4, etc., qu'on écrit à la droite d'une lettre et un peu au-dessus, pour marquer combien de fois cette lettre est facteur, est appelé *exposant*.

Nous devrions ici, conformément au titre du chapitre, faire suivre la multiplication de la division, néanmoins il n'est pas hors de propos de donner, dès ce moment, quelques notions sur les équations.

IDÉE DES ÉQUATIONS.

64. Lorsque deux quantités sont égales, on les sépare l'une de l'autre par le signe $=$ qui signifie *égal*, *égale*, ou *est égal à*. Ainsi $a=b$ indique que la quantitée représentée par a, *égale* la quantité représentée par b, ou que a *égale* b, ou que a *est égal à* b.

$a+b-c=d-f$ indique que $a+b-c$ *égale* $d-f$.

Deux quantités séparées ainsi l'une de l'autre par le signe $=$ constituent ce qu'on appelle une *équation*, ou *sont en équation*.

Tout ce qui est à gauche du signe $=$ constitue le *premier membre de l'équation*; tout ce qui est à la droite du même signe forme le *second membre* : ainsi dans l'équation $a+b-c=d-f$, $a+b-c$ est le *premier membre*, et $d-f$ est le *second membre*.

Chacune des quantités séparées par le signe $+$, ou $-$, est ce qu'on appelle un *terme* de l'équation. Ainsi les quantités a, b, $-c$ sont respectivement les premier, deuxième et troisième *termes de l'équation*; d et $-f$ sont les premier et deuxième *termes du second membre*.

65. Il est évident que l'*on peut sans altérer une équation, multiplier chacun des termes, ou les deux membres de l'équation, par un nombre quelconque.* Car l'égalité entre les deux membres subsistera toujours.

66. *On peut aussi ajouter une même quantité aux deux membres d'une équation, ou en retrancher une même quantité, sans altérer l'équation*; car, dans l'un et l'autre cas, le premier membre sera toujours égal au second.

67. *Pour transposer un terme d'un membre d'une équation dans l'autre membre, il faut l'effacer dans le membre où il se trouve, et l'écrire dans l'autre membre, avec un signe contraire.*

En effet, supposons que le terme qu'il s'agit de *transposer*, ait le signe $+$ dans le membre où il se trouve, en effaçant ce terme, on diminue de la quantité qu'il représente le membre où il était, il faut donc, pour compenser, diminuer l'autre membre de la même quantité, ou y écrire le terme dont il s'agit avec le signe $-$.

Supposons maintenant que le terme ait le signe $-$ dans le membre où il se trouve; en l'effaçant dans ce membre, on augmente celui-ci de toute la quantité représentée par le terme dont il s'agit; il faut donc, pour maintenir l'égalité, augmenter l'autre membre de la même quantité, ou y écrire le terme effacé dans le **membre** où il était, avec le signe + contraire à celui qu'il avait dans ce membre. Donc, en effet, etc.

68. Lorsqu'une équation renferme des quantités connues et une quantité qui ne l'est pas, on dit qu'elle est *résolue* lorsqu'on l'a ramenée à n'avoir dans un membre que *l'inconnue seule* et des quantités connues dans l'autre membre.

69. *Si on ajoutait deux équations, membre à membre, il est évident qu'il y aurait toujours équation*, car ce serait ajouter à deux quantités égales, deux autres quantités égales.

70. *De même, si on retranchait deux équations, membre à membre, il est évident que les différences étant égales entre elles il y aurait toujours équation.*

71. *En multipliant deux équations membre à membre, les produits seront aussi en équation;* car les deux facteurs qui concourent à former le premier membre du résultat, sont respectivement égaux à ceux qui concourent à former le second membre.

De la division.

72. Nous avons vu dans la multiplication comment on peut trouver le produit de deux nombres. La règle inverse serait *étant donné un nombre quelconque considéré comme étant le produit de deux autres nombres, et l'un de ces deux-ci, de parvenir à la connaissance de l'autre.* C'est en ceci que consiste la *division*.

73. Celui des nombres donnés qui est considéré comme étant le produit des deux autres, est ce qu'on appelle le *dividende;* l'autre nombre donné, par lequel on doit *diviser* le premier, est le *diviseur;* le résultat de l'opération, qui est le nombre inconnu qu'il s'agit de trouver, a reçu le nom de *quotient*.

74. Le quotient est donc le facteur par lequel il faut multiplier le diviseur pour reproduire le dividende. Et *la division est une opération par laquelle, connaissant un produit, et l'un de ses facteurs, on a pour objet de trouver l'autre facteur.*

Puisque, d'après l'idée que nous avons donnée (38) de la multiplication des nombres entiers, le produit se compose d'autant de fois le multiplicande qu'il y a d'unités dans le multiplicateur; il en résulte que si, du produit de deux nombres entiers, on ôte une fois le multiplicande; qu'on ôte du reste une fois ce multiplicande; que, de ce deuxième reste, on ôte encore le multiplicande, et ainsi de suite, il faudra effectuer ainsi, pour arriver à un reste *zéro*, autant de soustractions que le multiplicande est contenu de fois dans le produit, et ce nombre de soustractions fera évidemment connaître le multiplicateur. Mais il est un moyen beaucoup plus abrégé que cette succession de soustractions, pour parvenir à la connaissance du plus grand nombre de fois qu'un nombre entier est contenu dans un autre nombre entier plus grand que lui. C'est dans ce moyen que consiste *l'art de faire la division des nombres entiers.*

De la division des nombres entiers.

75. Pour diviser un nombre entier par un nombre entier, écrivez le diviseur à droite du dividende, séparez-les l'un de l'autre par un trait, prenez sur la gauche du dividende autant de chiffres qu'il en faut pour contenir le diviseur, cherchez combien de fois cette partie du dividende contient le diviseur, écrivez ce nombre de fois au quotient, multipliez chacun des chiffres du diviseur par ce quotient, et retranchez successivement chaque produit partiel de la partie du dividende que vous avez employée en commençant par la droite de cette partie, écrivez chaque fois le reste au-dessous; zéro, si c'est un zéro; à la suite du reste abaissez le chiffre suivant du dividende, cherchez combien de fois le dividende partiel contient le diviseur, écrivez ce nombre de fois à droite du premier quotient obtenu, multipliez, comme précédemment, chacun des chiffres du diviseur par le dernier chiffre écrit au quotient, portez les produits sous le dividende partiel, faites les soustractions successives, et écrivez les restes partiels; abaissez à droite le chiffre suivant du dividende, pour effectuer une troisième division de la même manière, et ainsi de suite, jusqu'à ce que vous ayez épuisé tous les chiffres du dividende. Si quelques-uns des dividendes partiels ne contenaient pas le diviseur, il faudrait écrire zéro au quotient, abaisser à côté du dividende partiel le chiffre suivant du dividende primitif, et continuer comme il vient d'être dit.

76. On voit, d'après cette manière d'opérer, que les chiffres écrits successivement au quotient représentent des unités absolument de même espèce que celles des dividendes partiels que l'on a employés. En effet, supposons que les chiffres de la gauche du dividende, qui contiennent le diviseur, représentent des centaines; en écrivant au quotient le nombre de fois que ce dividende partiel contient le diviseur, on n'exprime pas que ce quotient soit des centaines; mais les deux chiffres que l'on écrira successive-

ment à la droite lorsqu'à la suite du dividende partiel on aura
abaissé, d'abord le chiffre des dixaines, et ensuite celui des unités
du dividende, donneront deux autres chiffres au quotient, et feront occuper au premier chiffre qui y est déjà écrit, la place des
centaines. Ce raisonnement s'applique à tous les cas, et justifie
la manière de faire la division.

77. Si dans les divisions partielles, on a le soin d'écrire le quotient le plus fort, on ne devra pas craindre qu'il soit au-dessous
de ce qu'il doit être; mais il pourrait être trop fort * : on s'en
apercevrait au produit du diviseur par le chiffre écrit au quotient; produit qui, étant alors plus grand que le dividende partiel, ne pourrait être retranché de celui-ci. Dans ce cas, on diminuerait le chiffre écrit au quotient successivement d'autant d'unités
qu'il serait nécessaire pour que la soustraction puisse s'effectuer.

78. Si au lieu de diminuer successivement d'une unité un chiffre
trop fort écrit au quotient, on le diminuait tout un coup de plusieurs unités, il pourrait être trop faible, mais alors on s'en apercevrait au reste, qui serait ou égal, ou plus grand que le diviseur.
Dans l'un ou l'autre de ces deux cas, il faudrait ajouter une unité,
ou assez d'unités au dernier chiffre écrit au quotient, pour que,
vérification faite de ce chiffre, le reste de la division soit zéro,
on plus petit que le diviseur.

79. Il est peut-être bien de faire remarquer que *dans quelque
division partielle que ce soit, on ne peut jamais écrire plus de 9
au quotient.* En effet, le dividende partiel employé, contient ou
le même nombre de chiffres que le diviseur, ou un chiffre de

---

* On est exposé à trouver un chiffre trop fort au quotient lorsqu'au lieu de chercher combien de fois tout le diviseur est contenu dans le dividende partiel, on
cherche combien de fois le premier chiffre de la gauche du diviseur est contenu
dans la partie correspondante du dividende et que le second chiffre du diviseur
est sensiblement plus grand que le premier. Dans ce cas, et pour éviter souvent
plusieurs faux essais, il convient de chercher le nombre de fois que le premier
chiffre du diviseur augmenté d'une unité, est contenu dans la partie correspondante du dividende.

En effet, soit 18042 à diviser par 291, si dans la vue de trouver combien de
fois 1804 contient 291, on cherchait simplement combien de fois 18 contient 2
on trouverait 9 au quotient et ce quotient serait trop fort puisque 291×9 qui
égale 2619, est plus grand que le dividende partiel 1804. Diminuant 9 d'une unité
on aurait 8 au quotient, et celui-ci serait encore trop fort, puisque $291 \times 8 = 2328$,
qui est plus grand que 1804. Diminuant 8 d'une unité on aura 7 au quotient et 7
sera encore trop fort puisque $291 \times 7 = 2037$, qui est plus grand que 1804; diminuant 7 d'une unité on aura 6, et ce chiffre sera celui qu'il convient d'écrire au
quotient puisque $291 \times 6 = 1746$, qui est plus petit que 1804. Or, pour trouver
ce chiffre 6 on a été obligé de faire trois faux essais, ce qu'on eût évité en cherchant tout de suite combien de fois 18 contient $2 + 1$ ou 3. Et, en effet, 291 approche beaucoup plus de 300 que de 200.

plus. Dans le premier de ces deux cas, il est clair que le quotient ne pourra avoir qu'un seul chiffre; car, s'il en renfermait deux, il arriverait que le produit du diviseur, par le quotient, renfermerait un chiffre de plus que le dividende partiel, ce qui ne peut pas être (74). On ne peut donc, dans ce cas, mettre plus de 9 au quotient. Si l'un des dividendes partiels renfermait un chiffre de plus que le diviseur, il ne pourrait non plus contenir le diviseur plus de 9 fois; car, s'il le contenait 10 fois, il faudrait que le produit du diviseur, par le quotient 10, ne dépassât pas le dividende; or, il le dépasserait puisque tous les chiffres du dividende partiel, à l'exception du premier de la droite, ne contiennent pas le diviseur. Donc, ce diviseur, pris 10 fois, donnerait alors un nombre évidemment plus grand que le dividende partiel, puisque les premiers chiffres de la gauche forment un nombre plus grand que les premiers chiffres de la gauche de ce dividende. Donc, etc.

79 *bis*. Il résulte de la règle à observer pour parvenir à trouver le quotient d'un nombre entier par un autre nombre entier plus petit, que lorsque le dividende ne contient pas le diviseur un nombre exact de fois, il y a, à la fin de l'opération, un reste qui est l'excès du dividende sur le plus grand nombre de fois que ce dividende contient le diviseur. Pour tenir compte de ce reste, on l'écrira à la droite du quotient déjà trouvé, en plaçant au-dessous le diviseur, et séparant ces deux derniers nombres par un trait qui signifiera *divisé par*. De manière que, dans la division de 25 par 7, le dividende étant composé de 3 fois le diviseur, plus 4, le quotient est $3\frac{4}{7}$; c'est-à-dire qu'il est composé de trois unités, plus d'une quantité $\frac{4}{7}$, qui est plus petite que l'unité; c'est *une fraction* (6) qui renferme quatre parties de l'unité, dont il en faut sept pour faire cette unité, ce qu'on exprime par ces mots : *quatre septièmes*. Dans cet exemple, le quotient est plus grand que trois unités : il est composé de trois unités, plus une fraction; cette fraction n'équivaut pas à une unité : le dividende ne contient donc pas le diviseur quatre fois. Mais on ne peut pas dire qu'il ne le contient que trois fois. Comment donc exprimer cela? C'est une difficulté qui tient sans doute à un mot qui manque à notre langue.

Nous verrons plus tard que le produit du diviseur 7, par le quotient $3\frac{4}{7}$, donne précisément le dividende 25.

80. *Si on multipliait le dividende par un nombre entier quelconque, le quotient deviendrait ce même nombre de fois plus grand.* En effet, puisque le produit du diviseur par le quotient égale le

dividende (74), il en résulte que quand ce dividende devient un certain nombre de fois plus grand, l'un de ses facteurs, et ce sera le quotient, puisque le diviseur est invariable, deviendra aussi ce même nombre de fois plus grand (47).

81. *Si on multipliait le diviseur par un nombre entier, le quotient deviendrait ce même nombre de fois plus petit.* En effet, quand le diviseur devient un certain nombre de fois plus grand, le produit du diviseur par le quotient, devient ce même nombre de fois plus grand (46); pour le ramener à sa valeur, il faut donc que le quotient devienne ce même nombre de fois plus petit (50).

82. Puisqu'en multipliant le dividende par un nombre entier, le quotient devient ce même nombre de fois plus grand (80), et qu'en multipliant le diviseur par ce nombre, le quotient devient ce même nombre de fois plus petit (81). Il en résulte qu'*en multipliant le dividende et le diviseur, chacun par un même nombre entier, le quotient ne change pas de valeur.*

On démontrerait de la même manière que :

83. 1° *Si le dividende devenait un certain nombre de fois plus petit, le quotient deviendrait ce même nombre de fois plus petit.*

84. 2° *Si le diviseur devenait un certain nombre de fois plus petit, le quotient deviendrait ce même nombre de fois plus grand.*

85. 3° *Lorsque l'on rend le dividende et le diviseur un même nombre de fois plus petits, le quotient ne change pas de valeur.*

86. Il résulte du dernier principe, et de celui énoncé (82), que *l'on peut multiplier ou diviser le dividende et le diviseur, chacun par un même nombre entier, sans altérer la valeur du quotient.*

87. *Si le dividende et le diviseur étaient terminés par des zéros, on pourrait abréger l'opération en supprimant dans l'un et dans l'autre autant de zéros qu'il y en aurait dans celui de ces nombres qui en renfermerait le moins, faire la division comme à l'ordinaire, et il n'y aurait rien à changer au quotient.*

Car s'il y avait deux zéros, par exemple, dans celui des deux nombres qui en a le moins ; en supprimant deux zéros de la droite du dividende et du diviseur, on rend chacun de ces nombres cent fois plus petit (14). Donc le quotient ne change pas de valeur (85).

De la division des nombres décimaux.

88. *Pour faire la division des nombres décimaux, il faut compléter les décimales, faire la division comme celle des nombres entiers, sans nulle considération pour le point décimal, et il n'y aura rien à changer au quotient.*

En effet, en complétant le nombre des chiffres décimaux, on ne change la valeur ni du dividende, ni du diviseur : on n'apporte donc aucun changement à celle du quotient. Faisons la division sans nulle considération pour le point décimal. Nous sommes ramené au cas de la division d'un nombre entier par un nombre entier. Or, dans cette division, on considère le diviseur comme étant 10, ou 100, ou 1000, etc. fois trop grand suivant qu'il renferme un, deux, trois, etc. chiffres décimaux; le produit du diviseur par le quotient est donc aussi, dans les mêmes circonstances, 10, ou 100, ou 1000, etc. fois trop grand (55); or, c'est précisément le cas du dividende quand on y néglige le point décimal.

89*. *Lorsqu'il y a plus de chiffres décimaux dans le dividende que dans le diviseur on peut se dispenser de completter les décimales.*

Pour le démontrer, supposons qu'il y ait trois chiffres décimaux au dividende, et un seul au diviseur; faisons la division comme s'il n'y avait pas de point décimal. Le quotient doit être tel qu'en multipliant le diviseur par ce quotient on reproduise le dividende actuel qui est 1000 fois trop grand; or, le diviseur, qui est un de ses facteurs, n'est que 10 fois trop grand : le quotient est donc 100 fois trop grand. De là la nécessité de le rendre 100 fois plus petit, ce qui se fera en séparant les deux premiers chiffres de la droite par le point décimal (24). c'est-à-dire autant de chiffres décimaux qu'il y en a de plus dans le dividende que dans le diviseur.

S'il y avait un plus grand nombre de chiffres décimaux dans le diviseur que dans le dividende, on ne pourrait pas se dispenser de completter les décimales. En effet, admettons qu'il y ait deux chiffres décimaux dans le diviseur et un seul dans le dividende. En négligeant le point décimal dans ces deux nombres, le quotient serait dix fois trop petit. Mais il ne faudrait pas croire qu'on le ramènerait à sa valeur en écrivant un zéro à sa droite ; car zéro pourrait bien n'être pas le chiffre que l'on eût obtenu, si, pour completter les décimales, on avait écrit un zéro à la droite du dividende.

90. *Lorsqu'après avoir trouvé le quotient en nombre entier, on veut avoir des décimales,* on écrit à la suite du reste autant de zéros qu'on se propose d'avoir de chiffes décimaux au quotient, on fait la division comme celle des nombres entiers et on sépare, par le point décimal, sur la droite du quotient, autant de chiffres décimaux qu'on a écrit de zéros à la suite du reste. En effet, en écrivant un, deux, etc., zéros à la suite du reste, on rend ce reste, ou le dividende, dix, ou cent, etc., fois plus grand, le quotient

est donc aussi, ou dix, ou cent, etc., fois trop grand (80). Pour le ramener à sa juste valeur, il faut donc le rendre ou dix, ou cent, etc., fois plus petit, ce qui se fait en séparant sur la droite, par le point décimal, ou un, ou deux, etc., chiffres décimaux (24); c'est-à-dire autant qu'on a écrit de zéros à la suite du reste.

91. Lorsqu'à l'aide des décimales, on a approché, comme nous venons de l'indiquer, de la valeur du quotient, on dit qu'on l'a obtenu à moins d'un dixième, ou d'un centième, ou d'un millième, etc., d'unité près, suivant que cette approximation a été poussée jusqu'au chiffre des dixièmes, des centièmes, des millièmes, etc. En effet, l'ensemble des chiffres qui viendraient après le dernier chiffre décimal conservé, ne formeraient jamais une unité de ce dernier ordre. Mais, afin d'avoir un quotient plus approché encore, on augmente d'une unité le dernier des chiffres décimaux que l'on conserve lorsque le premier de ceux qui viendraient après, et que l'on supprime, est 5, ou au-dessus.

92*. Lorsqu'au lieu d'*effectuer* une division on ne veut que l'*indiquer*, nous avons dit (79 *bis*) qu'on écrit le diviseur au-dessous du dividende, en les séparant l'un de l'autre par un trait. Ainsi, pour indiquer le quotient de 12 a par 4 b, il faut écrire $\dfrac{12\,a}{4\,b}$; ou en divisant le dividende et le diviseur par le même nombre 4, ce qui ne trouble pas le quotient (85), nous aurons $\dfrac{3\,a}{b}$. D'où l'on voit que *lorsque le dividende et le diviseur sont affectés de coëfficients, il faut diviser le coëfficient du dividende par celui du diviseur.*

93*. Si le dividende était $a\,b\,c\,d$ et le diviseur $b\,d$, on pourrait, sans altérer le quotient, diviser le dividende et le diviseur par la même quantité $b\,d$ (85), et on aurait $a\,c$ à diviser par 1, ce qui donnerait $a\,c$ au quotient. Donc, *lorsque toutes les lettres du diviseur se trouvent dans le dividende, le quotient se compose de toutes les lettres du dividende qui ne sont pas communes au diviseur.*

Preuves de la multiplication et de la division.

94. Puisque dans toute division le diviseur et le quotient sont les facteurs du dividende (74), il en résulte que le diviseur multiplié par le quotient reproduit le dividende; qu'ainsi dans la multiplication on peut considérer le produit comme étant le dividende d'une division dans laquelle le multiplicande serait le diviseur, et le multiplicateur serait le quotient. Par conséquent, en divisant

le produit par le multiplicande, on trouvera au quotient le multiplicateur. Or, il a été prouvé (53 et 56) que dans la multiplication il est indifférent de prendre l'un des facteurs pour l'autre.

Donc, *en divisant le produit par l'un des deux facteurs, on trouvera au quotient l'autre facteur.* Telle est la *manière de faire la
preuve de la multiplication.*

95. Quant à *la preuve de la division* elle *se fait en multipliant le
diviseur par le quotient, ce qui donne le dividende* (94). Ceci suppose que la division a été faite sans reste, ou que, s'il y en a un,
on l'a écrit à la droite du quotient sous la forme de fraction (79 bis).
Si on n'écrivait pas ainsi le reste au quotient, ce serait alors le
produit du diviseur par le quotient qui, étant ajouté au reste,
donnerait le dividende. Ou, encore, le produit du diviseur par le
quotient égalerait le dividende diminué du reste de la division.

96*. Puisque le diviseur multiplié par le quotient reproduit le
dividende, l'exposant d'une lettre dans le diviseur plus l'exposant
de la même lettre dans le quotient doit égaler l'exposant de cette
même lettre dans le dividende (63). Donc l'*exposant d'une lettre
dans le quotient, égale l'exposant de cette lettre dans le dividende,
moins son exposant dans le diviseur.*

Ainsi a^7 divisé par a^3 donne au quotient a^4. De même a^3 divisé par a^3, donne a^0; or, a^3 contient a^3 une fois; donc, *toute
lettre qui a pour exposant zéro représente l'unité.*

97. Lorsque l'on a été obligé de faire de grandes opérations, la
preuve qu'il convient d'y appliquer est la *preuve par* 9. Voici
comment elle se fait pour la multiplication : on fait une somme
des chiffres du multiplicande, considérés comme s'ils représentaient des unités simples, on en retranche tous les 9, on écrit le
reste; on fait la même opération sur le multiplicateur; on multiplie
le reste donné par le multiplicande, par celui provenant du multiplicateur, on en retranche tous les 9, et on a encore un reste.

On fait une somme des chiffres du produit, considérés comme
représentant des unités simples, on retranche de cette somme tous
les 9, et si le reste est égal au reste précédent, on est porté à
croire que la première opération a été bien faite.

98. Cette règle est fondée sur ce principe que *si d'un nombre
exprimé par un seul chiffre et suivi d'autant de zéros qu'on voudra,
on retranche tous les 9, le reste sera toujours ce chiffre lui-même.*

En effet : si de 10, composé de 9+1; de 100, composé de 99+1;
de 1000, composé de 999+1; de 10000, composé de 9999+1;

et ainsi de suite, nous retranchons tous les 9, il restera évidemment 1.

Soit maintenant le chiffre 7 suivi d'autant de zéros que l'on voudra, de 4 par exemple, ce qui donnera 70000; je dis qu'en ôtant tous les 9 de ce dernier nombre, il restera 7; car 70000 égale 10000 × 7; or, en retranchant tous les 9 de 10000, c'est-à-dire en divisant 10000 par 9, nous venons de voir qu'il restait 1; mais ce n'était pas 10000 seulement qu'il fallait diviser par 9; c'était le nombre 70000 qui est sept fois plus grand; le quotient trouvé et le reste de la division sont donc l'un et l'autre 7 fois trop petits; donc le reste doit être 1 × 7 ou 7, comme nous l'avions avancé.

Maintenant soient 7486 et 3257, dont le produit est 24381902.

7486 n'est autre chose que 7000 plus 400, plus 80, plus 6; retranchant donc de 7486, ou de 7+4+8+6 qui égale 25, tous les 9, il restera 7.

De même, retranchant tous les 9 que renferme 3257, il restera 8. Il ne peut donc s'en falloir que du produit de 8 par 7, c'est-à-dire de 56, que le produit 24381902 ne soit divisible par 9, où en ôtant tous les 9 que renferme 56, il ne peut s'en falloir que de 2. Il doit donc rester au produit, après la suppression des 9, la même quantité que dans le produit des deux restes après aussi la suppression de tous les 9 qu'il renferme.

99. On applique la preuve par 9 à la division, de cette manière : on retranche du dividende le reste de la division, s'il y en a un; on considère le nouveau reste comme étant le produit du diviseur par le quotient qui en sont les facteurs (74); et on y applique la preuve par 9 de la même manière que nous l'avons fait pour la multiplication.

100. Le nombre 3 jouit d'une propriété analogue à celle du nombre 9; ainsi, on peut appliquer à la multiplication et à la division, la preuve par 3, comme nous venons de l'indiquer par le nombre 9.

101. Il est des cas où la preuve par 9, ou par 3, est en défaut. Une permutation de chiffres, par exemple, est propre à le faire sentir. Ou encore, si on s'était trompé d'un certain nombre d'unités en plus ou en moins sur l'un des chiffres du produit, et d'un même nombre d'unités en moins ou en plus sur l'un de ses autres chiffres; mais dans l'un ou l'autre de ces cas, on voit qu'il faudrait, pour que la preuve par 9, ou par 3, fut en défaut, qu'il ait été

commis deux erreurs, et deux erreurs qui se soient compensées.
Elle serait cependant en défaut encore si on avait omis quelques
zéros dans le produit, soit entre les chiffres de celui-ci, soit à sa
droite. Néanmoins si nous considérons que des cas de ce genre
sont toujours rares, on ne devra pas craindre que la preuve ne
puisse inspirer aucune confiance.

DES RÈGLES DES SIGNES.

Jusqu'ici nous avons fait abstraction dans les quatre règles qui
viennent de nous occuper, des signes qui affectent les quantités;
mais il est une foule de circonstances dans lesquelles on est obligé,
en arithmétique, dans les autres parties des mathématiques pures
et appliquées d'y avoir égard; cependant ce n'est qu'en algèbre
que l'on démontre les règles des signes et la plupart des marins
n'apprennent pas la langue algébrique; par ces motifs nous dé-
montrerons ici ces règles.

102*. Nous avons déja vu que le signe $+$ appelé *plus* ou *positif*
indique l'addition; que le signe $-$ appelé *moins* ou *négatif* indique
la soustraction, et que le signe $\times$ qui signifie *multiplié par* indique
la multiplication. Cela rappelé :

103*. *Pour faire l'addition des quantités en ayant égard à leurs
signes, il faut les écrire les unes à la suite des autres avec leurs
signes tels qu'ils sont.*

En effet, pour ajouter $+b$ avec $+a$, il est évident qu'il faut
écrire $+a+b$, ou simplement $a+b$ *en convenant de ne pas écrire
le signe de a parce que cette quantité est la première et que son signe est positif;* mais si ce signe devait être *négatif* il ne faudrait
pas l'omettre. D'après cela *toute quantité dont le signe ne sera pas
écrit sera censée avoir le signe $+$.*

Si l'on voulait ajouter $b-c$ avec a nous disons qu'il faudrait
écrire $a+b-c$. En effet, si nous ajoutions seulement b à la quantité a, la somme serait $a+b$; mais ce n'était pas b tout entier qu'il
fallait ajouter à la quatité a, c'était b diminué de c, la somme
$a+b$ est donc trop forte de la quantité c, il faut donc en retrancher c ou écrire $a+b-c$.

Maintenant, quelle que soit la quantité qu'il s'agira d'ajouter
à la quantité a, nous pourrons représenter la somme des quantités positives par b et celle des quantités négatives par $-c$; en
sorte que la quantité à ajouter à la quantité a sera $b-c$; or, la

somme de ces dernières quantités est, d'après ce que nous venons de voir, $a+b-c$.

Donc en effet, pour faire l'addition des quantités, en ayant égard à leurs signes, il faut les écrire les unes à la suite des autres avec leurs signes tels qu'ils sont.

104 *. *Pour faire la soustraction des quantités en ayant égard à leurs signes, il faut changer les signes de tous les termes de la quantité que l'on veut retrancher et écrire cette quantité, avec les signes ainsi changés, à la suite de celle de laquelle on veut la retrancher.*

Pour le démontrer, proposons-nous d'abord de retrancher b de a, le reste sera évidemment $a-b$;

Soit maintenant $b-c$ à retrancher de a, nous disons que le reste sera $a-b+c$. En effet, si nous retranchons b de a le reste sera $a-b$; mais ce n'était pas b tout entier qu'il fallait retrancher de a, c'était b diminué de c; nous avons donc retranché de trop la quantité c; il faut donc, pour compenser, augmenter le résultat de cette quantité c, et écrire par conséquent $a-b+c$. Ce qui revient à changer les signes de tous les termes de la quantité que l'on doit retrancher.

Cette règle ainsi démontrée pour le cas où le premier terme de la quantité que l'on veut retrancher à le signe $+$, il convient d'en démontrer aussi la légitimité pour celui où le signe du premier terme de cette quantité à retrancher serait négatif; c'est-à-dire, qu'il faut démontrer que $-b$ retranché de a donne pour reste $a+b$.

En effet, $-b=c-c-b$ puisque $+c-c$ se détruisent; or, nous venons de voir que, lorsque le premier terme de la quantité que l'on doit retrancher a le signe $+$, il faut changer les signes de tous les termes de cette quantité et écrire cette quantité avec les signes ainsi changés à la suite de celle de laquelle on doit retrancher. Donc, $c-c-b$ retranché de a donnera $a-c+c+b$; mais $-c+c$ se détruisent. Donc $-b$ retranché de a donne pour reste $a+b$.

105 *. Lorsque dans la multiplication de deux quantités on a égard à leurs signes, le produit a toujours le signe $+$, ou le signe $-$, suivant que les deux facteurs ont tous deux le même signe ou des signes différents.

106 *. Pour le démontrer, soit proposé d'abord de multiplier a par b; il est évident que le produit sera $a \times b$. Donc, *lorsque le multiplicande et le multiplicateur ont tous deux le signe $+$, le produit a aussi le signe $+$.*

Soit, en second lieu, $a—a$ à multiplier par b. Pour faire cette multiplication, il faut multiplier chacun des termes du multiplicande par b; or, a multiplié par b donne au produit $a \times b$; mais le multiplicande $a—a$ étant nul, le produit doit être nul aussi; il faut donc que $—a$ multiplié par b donne au produit $—a \times b$ afin de détruire $a \times b$. Donc *lorsque le multiplicande a le signe moins et le multiplicateur le signe plus le produit doit avoir le signe moins.*

Soit, en troisième lieu, la quantité a à multiplier par $b—b$. Pour faire cette multiplication, il faut multiplier le multiplicande par chacun des termes du multiplicateur; or, a multiplié par b donne au produit $a \times b$; mais le multiplicateur $b—b$ étant nul, le produit doit être nul aussi; il faut donc que a multiplié par $—b$ donne au produit $—a \times b$, afin de détruire $a \times b$. Donc *lorsque le multiplicande a le signe plus et le multiplicateur le signe moins, le produit doit avoir le signe moins.*

Soit proposé enfin de multiplier $—a$ par $—b$, nous disons que le produit sera $a \times b$. Car, si nous avions $a—a$ à multiplier par $—b$ il faudrait multiplier chacun des termes du multiplicande par le multiplicateur; or, nous venons de voir que a multiplié par $—b$ donne au produit $—a \times b$; mais le multiplicande $a—a$ étant nul, le produit doit être nul aussi; il faut donc que $—a$ multiplié par $—b$ donne au produit $a \times b$, afin de détruire $—a \times b$. Donc *lorsque le multiplicande et le multiplicateur ont tous deux le signe moins, le produit a toujours le signe plus.*

107*. En rapprochant les quatre principes que nous venons de faire ressortir, on voit, comme nous l'avions avancé, que *lorsque le multiplicande et le multiplicateur ont tous deux le même signe, le produit a toujours le signe plus, et que lorsqu'ils ont différents signes, le produit a toujours le signe moins.*

108*. De même *lorsque le dividende et le diviseur ont tous deux le même signe, le quotient a le signe plus; tandis que lorsqu'ils ont des signes différents, le quotient a le signe moins.*

Pour le démontrer, *supposons d'abord que le dividende et le diviseur aient tous deux le signe plus; nous disons que le quotient aura aussi le signe plus,* sans quoi le diviseur multiplié par le quotient ne pourrait reproduire le dividende avec son signe.

Supposons, en second lieu, que le dividende ait le signe $+$ et le diviseur le signe $—$. Nous disons que le quotient aura le signe moins. En effet, puisque le diviseur, multiplié par le quotient doit reproduire le dividende avec son signe, il faut que le quotient ait le signe moins, afin que, multipliant le diviseur qui a le signe —, par ce quotient, on reproduise le dividende avec le signe plus (106*).

Supposons en troisième lieu que le dividende ait le signe moins et le diviseur le signe plus; nous disons que le quotient aura le signe moins.

En effet, puisque le diviseur multiplié par le quotient doit reproduire le dividende avec son signe, il faut, puisque le diviseur a le signe plus, que le quotient ait le signe moins, sans quoi le diviseur multiplié par le quotient ne saurait reproduire le dividende avec son signe.

Supposons enfin que le dividende et le diviseur aient tous deux le signe moins; nous disons que le quotient aura le signe plus, sans quoi le diviseur qui a le signe moins, multiplié par le quotient, ne saurait reproduire le dividende avec son signe.

109*. En réunissant ces quatre principes on voit, comme nous l'avons avancé, que *lorsque le dividende et le diviseur ont le même signe, le quotient a le signe plus, et que lorsqu'ils ont différents signes, le quotient a le signe moins.*

IDÉE DES MONOMES, BINOMES, TRINOMES ET DES POLYNOMES.

110*. On appelle *monome* une quantité exprimée par un seul terme; ainsi a, $7\,a$, $a\,b$ sont des quantités monomes.

On donne le nom de *binome* à toute quantité composée de deux termes. Ainsi $a+b$, $7\,a+5\,b$, $m\,a+n\,b\,c$ sont des quantités binomes.

Un *trinome* est une quantité composée de trois termes; *quadrinome* est une quantité composée de quatre termes.

Et on appelle en général *polynome*, toute quantité qui renferme plusieurs termes dont on ne désigne pas le nombre.

111*. Lorsque plusieurs quantités ne diffèrent que par les coefficients numériques, on dit qu'elles sont *semblables*. Ainsi a, $2\,a$, $5\,a$ sont des quantités semblables; $2\,a$, $3\,b$ sont des quantités *dissemblables*.

RÈGLES COMPLÈTES POUR EFFECTUER LES QUATRE OPÉRATIONS FONDAMENTALES DE L'ARITHMÉTIQUE SUR LES QUANTITÉS POLYNOMES.

112*. Lorsqu'à la fin d'une opération on réunit d'une part toutes les quantités semblables qui ont le signe *plus*, et d'une autre part toutes celles qui ont le signe *moins*, que l'on prend ensuite la différence entre ces deux quantités et qu'on l'affecte du signe de la plus grande, on appelle cela *faire la réduction*.

Par exemple, si dans la quantité $3\,a + 5\,b + 2\,a - 2\,b - a$, on fait observer que $3\,a + 2\,a$ égalent $5\,a$, elle se réduira à $5\,a + 5\,b - 2\,b - a$. Or, $5\,a - a$ égale $4\,a$, $5\,b - 2\,b$ égalent $3\,b$; donc la quantité proposée se réduit à $4\,a + 3\,b$.

De même, $5\,a - 9\,a$ se réduit à $-4\,a$. En effet, $-9\,a$ égale $-5\,a - 4\,a$. Donc, $5\,a - 9\,a$ égalent $5\,a - 5\,a - 4\,a$; or, $5\,a - 5\,a$ se détruisent. Donc $5\,a - 9\,a$ égalent $-4\,a$. Donc, *pour faire la réduction de deux quantités littérales semblables affectées de signes différents, il faut prendre la différence entre ces deux quantités et affecter cette différence du signe de la plus grande.*

113*. La règle, pour faire l'addition des quantités polynomes se réduit à écrire ces quantités les unes à la suite des autres avec leurs signes tels qu'ils sont, puis on fait la réduction.

Ainsi, pour ajouter ensemble les quantités $6\,a^2 + 2\,b$, $a^3 - 5b + 3c$, $-2a^2 + 3\,b - c$, on écrira

$$6\,a^2 + 2\,b + a^3 - 5\,b + 3\,c - 2\,a^2 + 3\,b - c$$

où, en réduisant, on trouve

$$4\,a^2 + a^3 + 2\,c.$$

114*. Pour faire la soustraction des quantités polynomes on change les signes de tous les termes de la quantité que l'on veut retrancher, et on écrit cette quantité, avec les signes ainsi changés, à la suite de celle de laquelle on doit la retrancher, puis on fait la réduction.

Ainsi, pour retrancher $2\,a^3 - 5\,a^2 b + 3\,a b^2$ de $5\,a^3 - 5\,a^2 b + 2\,a b^2$, il faut écrire $5\,a^3 - 5\,a^2 b + 2\,a b^2 - 2\,a^3 + 5\,a^2 b - 3\,a b^2$; et en réduisant on a $3\,a^3 - a b^2$.

115*. Pour effectuer la multiplication des quantités polynomes, on écrit le multiplicateur au-dessous du multiplicande, on souligne le tout, on multiplie ensuite tout le multiplicande par cha-

cun des termes du multiplicateur en ayant le soin chaque fois
d'écrire les produits partiels *semblables* dans une même colonne
verticale, puis on fait la réduction.

Ainsi, pour multiplier $a^2 + 2ab + b^2$ par $a + b$, on écrira

$$a^2 + 2ab + b^2$$
$$a + b$$

multipliant tout le multiplicande ⎫
par chacun des termes du multi- ⎪
plicateur et disposant les produits ⎬ $a^3 + 2a^2b + ab^2 + b^3$
semblables dans une même colonne ⎪
verticale, il vient............ ⎭ $\quad + a^2b + 2ab^2$

En réduisant on a........... $a^3 + 3a^2b + 3ab^2 + b^3$

116 *. Avant de donner la règle à suivre pour faire la division
des quantités polynomes, il convient de dire qu'*ordonner les
termes d'une quantité par rapport à une lettre*, c'est écrire les
termes de cette quantité les uns à la suite des autres en les disposant de manière que la lettre par rapport à laquelle on veut ordonner ait des exposants successivement plus petits. Si dans deux,
ou plusieurs autres termes, la lettre par rapport à laquelle on
ordonne avait le même exposant, on écrirait ces termes les uns
au-dessous des autres dans une même colonne verticale.

D'après cela, pour effectuer la division des quantités polynomes, il faut ordonner le dividende et le diviseur par rapport à
une même lettre, diviser le premier terme du dividende par le
premier terme du diviseur, écrire le quotient au-dessous du
diviseur, multiplier tous les termes du diviseur par le quotient
trouvé, porter à fur et à mesure les divers produits, dont on changera les signes, sous les termes semblables du dividende, puis faire
la réduction. S'il devait y avoir un second terme au quotient, il
faudrait de même diviser le premier terme du reste par le premier
terme du diviseur, écrire le quotient à la droite du quotient déjà
trouvé, multiplier tout le diviseur par ce dernier terme écrit au
quotient, porter les produits, en changeant leurs signes, sous les
termes du dividende et faire la réduction. On continuerait ainsi
jusqu'à ce que la lettre par rapport à laquelle on a ordonné ait
un exposant plus plus petit dans le dividende partiel, s'il y en
avait un, que dans le diviseur.

Sur quoi il faut, dans chaque division partielle, observer la règle
des signes (108*), celle des coëfficients (92), celle des lettres (93*);
enfin la règle des exposants (96*

Ainsi, pour diviser $3ab_2 - 3a^2b - b^3 + a^3$ par $b_2 + a_2 - 2ab$, on écrira

$$
\begin{array}{l|l}
a^3 - 3a^2b + 3ab^2 - b^3 & a^2 - 2ab + b_2 \\
\;\; -a^3 + 2a^2b - ab^2 & a - b \\
\hline
0 - a^2b + 2ab_2 - b^3 & \\
\;\;\; + a^2b - 2ab^2 + b^3 & \\
\hline
\qquad 0 \qquad 0 \qquad 0 &
\end{array}
$$

Divisant a^3 par a^2 on trouve a au quotient; multipliant tout le diviseur par ce quotient a, portant les produits $-a^3 + 2a^2b - ab^2$ avec leurs signes ainsi changés sous les termes semblables du dividende, et faisant la réduction, il reste $-a^2b + 2ab^2 - b^3$. Divisant le terme $-a^2b$ par $+a^2$ on a, et on écrit au quotient, $-b$; multipliant tout le diviseur par $-b$, portant les produits dont on change les signes sous les termes semblables du dividende, puis faisant la réduction, il reste o. Ainsi $a-b$ est le quotient exact du dividende proposé par le diviseur.

S'il y avait un reste R dans lequel la lettre par rapport à laquelle on a ordonné entrât avec un exposant plus petit que 2, on écrirait ce reste à la droite du quotient déjà trouvé, en lui donnant le diviseur pour dénominateur. De manière que le quotient serait $a - b + \dfrac{R}{a^2 - 2ab + b_2}$

DES FRACTIONS.

117. Nous avons appelé *fractions* (6) des quantités plus petites que l'unité.

On emploie deux nombres pour représenter une fraction; ces deux nombres prennent le nom commun de *termes* de la fraction; celui que l'on écrit au-dessus est appelé *numérateur*, l'autre que l'on écrit au-dessous s'appelle le *dénominateur*: on sépare le numérateur du dénominateur par un trait, comme pour indiquer la division de deux nombres l'un par l'autre.

Lorsque le dénominateur d'une fraction est 2, cette fraction représente une ou plusieurs *demi*; lorsqu'il est 3, elle représente des *tiers*; lorsqu'il est 4, elle représente des *quarts*; mais lorsque le dénominateur est 5, ou au-dessus, on lui donne la terminaison, *ième*. Ainsi, $\dfrac{2}{5}$ représente 2 cinquièmes; $\dfrac{4}{9}$ représente 4 neuvièmes, et ainsi de suite.

118. Le dénominateur exprime en combien de parties égales on conçoit l'unité partagée, et dès-lors combien il faut de ces parties pour former une unité.

Le numérateur marque combien il y a de ces parties dans la quantité que la fraction représente.

Il suit de là qu'*une expression fractionnaire renferme une ou plusieurs unités lorsque le numérateur est plus grand que le dénominateur.* Car, puisque le numérateur marque combien il y a de parties dans la fraction, et le dénominateur combien il faut de ces parties pour composer une unité, autant de fois le dénominateur sera contenu dans le numérateur, autant il y aura d'unités entières dans la fraction proposée.

D'où il suit que *pour extraire les unités entières d'une expression fractionnaire, il faut diviser son numérateur par son dénominateur.*

On voit, d'après ce qui vient d'être dit, qu'une *expression fractionnaire* doit être distinguée d'une *fraction proprement dite*, en ce que celle-ci est toujours plus petite, et celle-là plus grande que l'unité.

119. *Pour convertir un nombre entier en fraction d'une espèce proposée, il faut multiplier ce nombre par le dénominateur de la fraction proposée et donner ce même dénominateur au produit.* Cette quantité ne change pas de valeur, puisqu'on lui donne pour diviseur un nombre égal à celui par lequel on l'a multipliée.

120. *Si l'on multipliait le numérateur d'une fraction par un nombre entier quelconque, la fraction deviendrait ce même nombre de fois plus grande, ou serait multipliée par ce nombre,* puisqu'elle renfermerait alors ce même nombre de fois plus de parties (118).

Si l'on multipliait le dénominateur d'une fraction par un nombre entier quelconque, la fraction deviendrait ce même nombre de fois plus petite, ou serait divisée par ce nombre. En effet, le dénominateur marque combien il faut de parties pour former l'unité (118); si donc on multipliait le dénominateur par un nombre proposé, il faudrait ce même nombre de fois plus de parties pour former une unité; la fraction serait donc ce même nombre de fois plus petite.

121. *Si l'on multipliait les deux termes d'une fraction chacun par un même nombre entier, cette fraction ne changerait pas de valeur.* En effet, en multipliant le numérateur de la fraction par le nombre proposé, on la rend ce même nombre de fois plus grande (120); mais en multipliant son dénominateur par ce nombre, elle

devient ce même nombre de fois plus petite (120); donc elle n'a pas changé de valeur.

122. *Si l'on divisait le numérateur d'une fraction par un nombre entier quelconque, la fraction deviendrait ce même nombre de fois plus petite, ou serait divisée par ce nombre*, puisqu'elle renfermerait alors ce même nombre de fois moins de parties qu'auparavant (118).

123. *Si l'on divisait, au contraire, le dénominateur par un nombre entier, la fraction deviendrait ce même nombre de fois plus grande, ou serait multipliée par ce nombre*, puisqu'il faudrait alors ce même nombre de fois moins de parties pour former l'unité (118).

124. *Lorsqu'on divise les deux termes d'une fraction chacun par un même nombre entier, la fraction ne change pas de valeur ;* en effet, en divisant le numérateur de la fraction par le nombre proposé, on la rend ce même nombre de fois plus petite (122); mais en divisant son dénominateur par ce nombre, elle devient ce même nombre de fois plus grande (123); il y a donc compensation ; donc la fraction ne change pas de valeur.

125. En réunissant ce principe à celui du numéro (121), on voit que *l'on peut multiplier ou diviser les deux termes d'une fraction chacun par un même nombre entier, sans changer la valeur de cette fraction.*

Il résulte de là que l'on peut aussi multiplier ou diviser les deux termes d'une fraction chacun par un nombre quelconque o.47, par exemple, sans changer sa valeur. Car, en multipliant ses deux termes par le nombre entier 47, cette fraction ne change pas de valeur, ceci vient d'être démontré. Mais ce n'était pas par 47 qu'il fallait multiplier ses deux termes, c'était par o.47, quantité cent fois plus petite que 47; chacun des deux termes actuels est donc cent fois trop grand; il faut donc les rendre chacun cent fois plus petits, ce qui ne change pas la valeur de la fraction. Or, en multipliant les deux termes de la fraction proposée par 47, puis divisant les produits par 100, c'est multiplier chacun de ces deux termes par o.47. Donc, *on peut multiplier les deux termes d'une fraction par un nombre décimal et, en général, par un nombre quelconque, sans changer la valeur de cette fraction.*

Il est tout aussi aisé de prouver que *l'on peut diviser les deux termes d'une fraction chacun par un même nombre quelconque, sans changer la valeur de cette fraction.*

126. On voit d'après ce qui a été dit numéros 120 et 123 que *l'on peut rendre une fraction un certain nombre de fois plus grande de deux manières, ou en multipliant son numérateur par le nombre proposé, ou en divisant son dénominateur par le même nombre.* La première de ces deux manières peut toujours être appliquée, tandis que la seconde ne peut l'être que lorsque le dénominateur de la fraction est exactement divisible par le nombre proposé.

127. De même, il résulte des principes posés numéros 120 et 122, que l'on peut rendre une fraction un certain nombre de fois plus petite, de deux manières ; savoir : en multipliant son dénominateur par le nombre proposé, ou en divisant son numérateur par le même nombre. Le premier de ces deux procédés est toujours applicable, tandis que le second ne peut l'être que lorsque le numérateur de la fraction est exactement divisible par le nombre proposé.

128. *Pour réduire deux fractions au même dénominateur, il faut multiplier les deux termes de la première par le dénominateur de la seconde, et les deux termes de la seconde par le dénominateur de la première.*

Les nouvelles fractions sont en effet réduites au même dénominateur, puisque celui de chacune n'est autre chose que le produit des dénominateurs primitifs ; produit qui est toujours le même dans quelque ordre qu'on multiplie ces deux facteurs (53 et 56).

Il est clair que par cette opération les fractions proposées n'ont pas changé de valeur, puisqu'on a multiplié les deux termes de chacune, chacun par un même nombre, qui est le dénominateur de l'autre fraction (125).

D'après cela, si l'on voulait savoir quelle est la plus grande de deux fractions données, on les réduirait au même dénominateur ; alors celle-là dont le numérateur serait le plus grand, serait aussi évidemment la plus grande, puisqu'elle renfermerait un plus grand nombre de parties de l'unité dont le dénominateur commun indique combien il en faut pour composer cette même unité.

129. *Si l'on avait plusieurs fractions à réduire au même dénominateur, la règle générale serait de multiplier les deux termes de chacune, chacun par le produit résultant de la multiplication des dénominateurs de toutes les autres.*

Les nouvelles fractions auront ainsi le même dénominateur, puisque chacun d'eux ne sera autre chose que le produit des dénominateurs primitifs. Or, dans quelqu'ordre qu'on multiplie plusieurs facteurs, on obtient toujours le même produit (57).

Les deux termes de chaque fraction ayant été multipliés chacun par un même nombre, il résulte qu'elles n'ont pas changé de valeur (125).

130. Il est des cas où le procédé pour réduire plusieurs fracions au même dénominateur peut être simplifié; c'est, 1° *lorsque les dénominateurs sont facteurs du plus grand d'entre eux*; 2° *lorsqu'il se trouve des facteurs communs dans les dénominateurs des fractions proposées.*

Dans le premier cas, on multiplie les deux termes de chaque fraction par le facteur tel que, son dénominateur multiplié par ce facteur, donne un produit égal au plus grand des dénominateurs des fractions proposées.

Il est évident que ces fractions ne changent pas de valeur par cette opération, puisqu'on multiplie les deux termes de chacune chacun par un même nombre.

Dans le second cas, on fait un produit des facteurs différents qui entrent dans les dénominateurs de ces fractions, en considérant comme *facteurs différents* les plus hautes puissances des facteurs simples qui se trouvent dans les dénominateurs, ce produit est le dénominateur commun; puis on multiplie le numérateur de chaque fraction par le produit de ceux de ces facteurs différents, qui n'entrent pas dans le dénominateur de la fraction sur laquelle on opère.

Les nouvelles fractions ont ainsi toutes le même dénominateur, qui est le produit des facteurs différents qui entrent dans les dénominateurs des fractions proposées. Ces mêmes fractions ne changent pas de valeur par cette opération, car les deux termes de chacune se trouvent ainsi multipliés chacun par un même nombre.

131. *Pour réduire à sa plus simple expression une fraction qui en serait susceptible*, il faut diviser ses deux termes par 2 tant que la division peut s'effectuer, ce qui n'en change pas la valeur (124); puis diviser ses deux termes par 3, par 5, par 7, par 11, etc., c'est-à-dire, par les *nombres premiers.*

On appelle *nombre premier* un nombre qui n'a d'autre diviseur exact que lui-même et l'unité.

132. *Un nombre dont le dernier chiffre est pair, ou est un zéro, est divisible exactement par 2.*

En effet, en prenant la moitié du nombre, il arrivera, lorsqu'on sera parvenu au chiffre des dixaines, que l'on pourra prendre exactement la moitié des dixaines, ou qu'il en restera une. Dans le premier cas, la moitié de zéro étant zéro, et la moitié de tout chiffre pair 2, 4, 6, 8 étant 1, ou 2, ou 3, ou 4, on pourra toujours prendre exactement la moitié du nombre proposé, ou le diviser par 2. Dans le second cas il reste 1, qui suivi d'un zéro, ou de l'un des chiffres pairs 2, 4, 6, 8, donnera 10, ou 12, ou 14, ou 16, ou 18, dont la moitié est 5, ou 6, ou 7, ou 8, ou 9, ce qui montre que le nombre est en effet divisible exactement par 2.

133. *Tout nombre entier ou décimal terminé par un 5, ou par un zéro, est divisible exactement par 5.*

En effet, lorsqu'on prend le cinquième d'un nombre entier, jusques et compris les dixaines, il pourra se faire qu'il restera zéro, ou une, ou deux, ou trois, ou enfin quatre dixaines ; ce qui réuni à zéro, ou à 5, qui peuvent terminer le nombre, donneront, 0, ou 10, ou 20, ou 30, ou 40 ; ou 5, ou 15, ou 25, ou 35, ou 45, dont chacun est divisible exactement par 5. Donc tout le nombre proposé lui-même est divisible exactement par 5.

Le même raisonnement s'applique à un nombre décimal.

134. *Tout nombre entier ou décimal dont la somme des chiffres considérés comme s'ils représentaient des unités simples, fait 9, ou un multiple de 9, est divisible exactement par 9.* Cette régle est un cas particulier de ce qui a été dit (98).

135. Le nombre 3 jouit d'une propriété analogue à celle du nombre 9, c'est-à-dire que *tout nombre entier ou décimal dont la somme des chiffres est 3, ou un multiple de 3, est divisible exactement par 3.*

Nous avons indiqué les moyens de reconnaître si un nombre est divisible exactement par 2, par 3, par 5, par 9 ; il est aisé de donner des règles pour s'assurer s'il est, ou s'il n'est pas, divisible exactement par 7, par 11, par 13, par 17, et ainsi de suite, c'est-à-dire par les nombres premiers.

136*. Cherchons d'abord les conditions pour qu'un nombre soit divisible exactement par 7 ;

$\frac{1}{7}$ donne pour reste 1

$\frac{10}{7}$ donnant pour reste 3

$$\frac{10 \times 10}{7} \text{ ou } \frac{100}{7} \text{ donnera } 3 \times 3 \text{ ou } \frac{9}{7} \text{ ou} \ldots \ldots \ldots \quad 2$$

$$\frac{100 \times 10}{7} \text{ ou } \frac{1000}{7} \text{ donnera } 2 \times 3 \text{ ou} \ldots \ldots \ldots \ldots \quad 6$$

$$\frac{1000 \times 10}{7} \text{ ou } \frac{10000}{7} \text{ donnera } 6 \times 3 \text{ ou } \frac{18}{7} \text{ ou} \ldots \ldots \quad 4$$

$$\frac{10000 \times 10}{7} \text{ ou } \frac{100000}{7} \text{ donnera } 4 \times 3 \text{ ou } \frac{12}{7} \text{ ou} \ldots \ldots \quad 5$$

$$\frac{100000 \times 10}{7} \text{ ou } \frac{1000000}{7} \text{ donnera } 5 \times 3 \text{ ou } \frac{15}{7} \text{ ou} \ldots \quad 1$$

Après quoi, pour des nombres de 10 en 10 fois plus grands, les restes suivants seront périodiquement 3, 2, 6, 4, 5, 1, 3, 2, 6, 4, 5, etc.

137*. Soit maintenant le nombre 32165 que l'on peut écrire ainsi :

$$5+60+100+2000+30000;$$

or, 5 divisé par 7 donne pour reste 1×5 ou 5.

A l'égard de chacun des autres nombres 60, 100, 2000, 30000, ils donneront, étant divisés par 7, les mêmes restes que 10, 100, 1000, 10000, multipliés respectivement par 6, 1, 2, 3; ensorte qu'il ne s'en faudra que de $5+18+2+12+12=49$ que le nombre 32165, ne soit divisible par 7; or, 49 est lui-même divisible par 7; donc le nombre proposé est divisible exactement par 7.

138*. Voici donc la règle pour vérifier si un nombre, tel que 32165, est divisible exactement par 7 : on écrira sous les hiffres de ce nombre, en commençant par la droite, les restes périodiques de 1, 10, 100, 1000, etc., divisés par 7, de cette manière :

$$\begin{array}{ccccc} 3 & 2 & 1 & 6 & 5 \\ 4 & 6 & 2 & 3 & 1 \end{array}$$

Puis on multipliera chaque chiffre du nombre supérieur par son correspondant supérieur, ce qui donnera

$$3 \times 4 + 2 \times 6 + 1 \times 2 + 6 \times 3 + 5 \times 1 =$$
$$12 + 12 + 2 + 18 + 5 = 49$$

Si la somme 49 de tous ces produits égale 7, ou est divisible exactement par 7, le nombre proposé sera lui-même divisible exactement par 7. Mais cette recherche est, comme on voit, tout aussi longue que le procédé de la division du nombre proposé par 7.

139*. Nous nous conduirons de la même manière pour vérifier si un nombre donné est divisible exactement par 11.

Et d'abord

$$\frac{1}{11} \text{ donne pour reste} \dots \dots \dots \dots \dots \dots \dots \dots \dots +1$$

$\frac{10}{11}$ donnerait pour reste 10, mais si nous écrivions 1 au quotient de la division de 10 par 11, il faudrait retrancher 11 de 10 et le reste serait $\dots \dots \dots \dots \dots \dots \dots -1$

$\frac{10 \times 10}{11}$ ou $\frac{100}{11}$ donnera pour reste $-1 \times 10 = -10$; mais si nous écrivions -1 au quotient de -10 par 11, il faudrait après avoir multiplié le diviseur 11 par -1 retrancher le produit -11 du dividende, ou écrire $+11$ sous ce dividende; on aurait alors pour reste $-10+11$ ou $\dots \dots +1$.

Mais puisque nous retombons sur le reste de la première division de 1 par 11, nous aurons successivement pour les restes de 1000, 10000, 100000, etc., divisés par 11, la période -1, $+1$, -1, etc.

140*. Voici donc le procédé à suivre pour vérifier si un nombre est divisible exactement par 11 :

« On écrira sous les chiffres de ce nombre, en commençant par la droite et en allant vers la gauche, les restes périodiques $+1$,-1,$+1$,-1,$+1$,-1, etc.; puis l'on multipliera chaque chiffre du nombre proposé par le reste périodique qui est immédiatement au-dessous; on fera une somme des produits de rang impair à partir de la droite, et on en retranchera la somme des produits de rang pair ; si le reste est zéro, ou est divisible exactement par 11, le nombre proposé sera lui-même divisible exactement par 11 ».

Il est à observer que si la somme des produits de rang pair ne pouvait pas être retranchée de celle des produits de rang impair, on ajouterait à cette dernière somme autant de fois 11 qu'il serait nécessaire pour que la soustraction put s'effectuer. Si le reste est zéro, ou un multiple de 11, le nombre proposé sera divisible exactement par 11; dans le cas contraire, il ne sera pas divisible exactement par ce dernier nombre. En résumant ceci, on voit que *tout nombre dont la somme des chiffres de rang impair égale celle des chiffres de rang pair, ou la surpasse de 11, ou d'un multiple de 11, est divisible exactement par 11.*

D'après cela et ce qui a été dit (98 et 99) de la preuve par 9, on comprend comment on peut appliquer la preuve par 11 à la multiplication et à la division.

141 *. Pour vérifier si un nombre est divisible exactement par 13, on écrira sous les chiffres de ce nombre, en allant de droite à gauche les restes périodiques $+1-3+9-1+3-9+1-3+9-1+3-9$, etc. de la division de 1, de 10 et ses multiples, par 13.

On multipliera chaque chiffre du nombre proposé par le reste périodique qui est immédiatement au-dessous ; on ajoutera tous les produits de rang impair, et de leur somme on retranchera celle des produits de rang pair. Si le reste est zéro ou un multiple de 13, le nombre proposé sera divisible exactement par 13.

On trouverait de la même manière des règles analogues pour vérifier si un nombre est divisible exactement par 17, 19, 23, et ainsi de suite, c'est-à-dire par les autres nombres premiers.

142 *. Proposons-nous maintenant de décomposer un nombre en tous ses facteurs.

Pour cet effet, on divisera ce nombre par 2 autant de fois que la division pourra s'effectuer ; on divisera de même le dernier quotient par 3, 5, 7, 11, c'est-à-dire par les nombres premiers, jusqu'à ce que l'on ait 1 au quotient. Cela fait, on écrira tous les diviseurs sur une même ligne, et chacun d'eux autant de fois qu'il aura divisé ; on cherchera les produits différents que ces nombres peuvent donner 2 à 2, 3 à 3, 4 à 4, et ainsi de suite ; on rassemblera ces divers produits avec les facteurs primitifs, en ne prenant qu'une seule fois ceux qui sont répétés ; tous ces nombres seront facteurs du nombre proposé.

143 *. Ainsi, pour trouver tous les diviseurs de 60, on divisera 60 par 2, et on aura 30 au quotient ; divisant 30 par 2, on aura 15 au quotient ; divisant 15 par 3, le quotient sera 5 ; divisant 5 par 5, le quotient sera 1. D'après cela, 2, 2, 3, 5, seront des facteurs de 60.

Les produits différents de ces facteurs 2 à 2, sont 4, 6, 10, 15.

Les produits 3 à 3 sont 12, 20, 30.

Les produits 4 à 4 donnent le nombre proposé 60.

Ainsi, 2, 3, 4, 5, 6, 10, 12, 15, 20, 30, 60, sont des facteurs de 60.

144 *. *Voici donc comment on pourra procéder pour réduire une fraction à sa plus simple expression.*

On cherchera, par la méthode que nous venons d'indiquer, tous les diviseurs du numérateur, et ceux du dénominateur de la frac-

tion, puis on divisera chacun de ces deux termes par le produit des facteurs communs à ces mêmes termes.

145. Lorsqu'on a décomposé deux nombres chacun en tous ses facteurs, et qu'aucun des facteurs de l'un de ces nombres n'est commun aux facteurs de l'autre nombre, on dit que ces deux nombres sont *premiers entre eux.*

146. Nous avons vu (131) que pour réduire une fraction à sa plus simple expression, il fallait diviser successivement ses deux termes par les nombres premiers, ou encore chacun d'eux par le produit de tous ces nombres (144*). Mais il est un procédé souvent plus expéditif que celui de chercher d'abord les nombres premiers et leurs multiples ; il consiste à *trouver le plus grand diviseur commun des deux termes de la fraction, et à diviser ces deux termes par ce plus grand diviseur commun,* ce qui ne change pas la valeur de la fraction (124).

147. *Le diviseur commun de deux nombres* est un nombre qui les divise tous deux exactement ; et il est évident que deux nombres peuvent avoir plusieurs diviseurs communs ; mais parmi tous ces diviseurs, il en est un qui est nécessairement plus grand que chacun des autres, celui-là est *le plus grand diviseur commun des deux nombres proposés.*

148. Voici quel est le procédé à suivre pour trouver ce plus grand diviseur commun :

Divisez le plus grand des deux nombres par le plus petit ; s'il y a un reste divisez le plus petit nombre par ce reste, si cette seconde division donne un reste, divisez le premier reste par celui-ci, et continuez de diviser le reste précédent par le dernier, jusqu'à ce qu'enfin vous soyez parvenu à une division exacte ; alors le dernier diviseur que vous aurez employé sera le plus grand diviseur commun des deux nombres proposés.

Voyons de démontrer, 1° que le dernier diviseur employé est diviseur commun ; 2° qu'il est le plus grand diviseur commun.

Soient les deux nombres 21 et 48.

En divisant 48 par 21, on a au quotient 2 et 6 de reste, e puisque le diviseur multiplié par le quotient plus le reste égale le dividende (95), on aura $48 = 21 \times 2 + 6$.

Divisant 21 par 6, on a au quotient 3, et pour reste 3 ; de sorte que $21 = 6 \times 3 + 3$.

6 divisé par 3 donne au quotient 2, et point de reste. Donc $6 = 3 \times 2$

On a donc les trois équations :

$$48 = 21 \times 2 + 6.$$
$$21 = 6 \times 3 + 3.$$
$$6 = 3 \times 2.$$

Puisque 3 est diviseur exact de 6, ainsi que nous l'avons vu dans la dernière division qui a été faite sans reste, il divisera exactement 6×3 * qui se trouve dans le second membre de la deuxième équation ; or 3 est diviseur exact de lui-même ; il est donc diviseur exact de $6 \times 3 + 3$, c'est-à-dire de 21. Divisant exactement 21, il divisera encore 21×2 qui se trouve dans le second membre de la première équation ; or nous avons vu qu'il divisait exactement 6, il divise donc exactement $21 \times 2 + 6$, c'est-à-dire 48. Donc 3 divise exactement les deux nombres proposés.

Maintenant, pour prouver que 3 est le plus grand diviseur commun des deux nombres proposés, nous prouverons d'abord que *tout diviseur exact de deux nombres, est diviseur exact du reste de la division du plus grand de ces deux nombres par le plus petit.*

Pour cela, soient A et B deux nombres dont B est le plus petit ; divisons A par B ; soit 5 le quotient et R le reste, de sorte qu'on aura $A = 5B + R$. Je dis que si 7, par exemple, est diviseur exact de A et de B, il divisera exactement R. En effet, en divisant par 7 les deux membres de l'équation $A = 5B + R$, les quotients seront évidemment égaux, et on aura $\dfrac{A}{7} = 5 \times \dfrac{B}{7} + \dfrac{R}{7}$; mais par supposition $\dfrac{A}{7}$ est un nombre entier ; il faut donc que $5 \times \dfrac{B}{7} + \dfrac{R}{7}$ soit aussi un nombre entier ; or, nous avons supposé que $\dfrac{B}{7}$ était un nombre entier ; multiplié par 5 qui est aussi entier, le produit $5 \times \dfrac{B}{7}$ sera par conséquent un nombre entier, donc $\dfrac{R}{7}$ est aussi un nombre entier, donc R est divisible exactement par 7.

* En général, *si un nombre N en divise exactement un autre P, nous disons qu'il divisera exactement le double, le triple, le quadruple, etc., de ce nombre P.*

Eu effet, $3 \times P$, qui est le triple de P, peut se décomposer en $P + P + P$; or, par supposition, N divise exactement chacun des termes de la somme $P + P + P$; donc N divisera exactement cette somme qui n'est autre chose que P multiplié par 3. Donc tout nombre N qui en divise exactement un autre, divise exactement aussi le triple de celui-ci.

On prouverait de la même manière que N diviserait exactement quelque multiple entier que ce soit de P.

Maintenant, quelque soit le plus grand diviseur commun de 48 et de 21, il divisera exactement 6 qui est le reste de la division de 48 par 21. Divisant en particulier 6 et 21, il divisera 3, reste de la division de 21 par 6. Le plus grand diviseur commun de 48 et de 21 divise donc 3 exactement; mais 3 n'a pas de plus grand diviseur que lui-même; d'ailleurs 3 est diviseur commun. Donc 3 est le plus grand diviseur commun des deux nombres 21 et 48.

On voit que ce raisonnement est général, et qu'il serait le même si on avait fait un plus grand nombre de divisions.

149. Si en cherchant le plus grand diviseur commun des deux termes d'une fraction, on trouvait l'unité pour dernier diviseur, ces deux termes n'auraient aucun facteur de commun, et la fraction serait alors ce qu'on appelle *irréductible*, c'est-à-dire ne serait pas susceptible d'être réduite à une plus simple expression. Toute fraction dont les deux termes seraient, au contraire, divisibles par un même nombre serait une fraction *réductible**.

Si dans la recherche du plus grand diviseur commun on supprimait, dans la vue de simplifier l'opération, quelque facteur commun au dividende et au diviseur, le plus grand diviseur commun serait autant de fois trop petit qu'il y aurait d'unités dans le facteur supprimé. En sorte que pour avoir le plus grand diviseur commun, il faudrait multiplier le dernier diviseur obtenu par le facteur qui aurait été supprimé.

En effet, quelque soit le plus grand diviseur commun de deux nombres N, P, il sera dix fois plus grand entre les deux nombres $N \times 10$ et $P \times 10$; si donc on avait eu à chercher le plus grand diviseur commun entre ces deux derniers nombres, et que dans la vue de simplifier l'opération on l'eût cherché simplement entre les deux nombres N et P, il faudrait le multiplier par 10 afin d'avoir celui des deux nombres proposés.

Il n'en serait pas de même si on divisait le dividende ou le diviseur par un nombre qui ne serait pas facteur du diviseur ou du dividende. Dans ce cas on ne changerait rien au plus grand diviseur commun. En effet, soit $a \times b \times c$ le dividende, et $b \times c \times d$ le diviseur, auquel cas le plus grand diviseur commun est $b \times c$.

Il est évident que si nous divisons le dividende par a qui n'est pas facteur du diviseur, le plus grand diviseur commun sera encore $b \times c$. Il en serait de même si on divisait le diviseur $b \times c \times d$ par le facteur d qui ne se trouve pas dans le dividende.

* Voyez la note II qui est à la fin du volume.

150*. Si on se proposait de trouver le plus grand diviseur commun de trois nombres donnés, on chercherait d'abord le plus grand diviseur commun entre deux de ces nombres, suivant la règle posée plus haut; cela fait, on chercherait le plus grand diviseur commun entre celui déjà trouvé et le troisième nombre; et ce nouveau diviseur serait le plus grand diviseur commun des trois nombres proposés.

En effet, le diviseur commun entre les trois membres ne doit contenir que les facteurs communs à ces trois nombres : mais le diviseur commun entre deux de ces trois nombres contient tous les facteurs qui leur sont communs; le plus grand diviseur commun entre les trois nombres ne contiendra donc que les facteurs communs au diviseur déjà trouvé et au troisième nombre.

151. *On peut envisager une faction comme étant le quotient du numérateur par le dénominateur.*

Pour le démontrer, soit la fraction $\frac{3}{4}$, par exemple; $\frac{3}{4}$ n'est autre chose que le quart d'une unité, plus une autre fois le quart de la même unité, plus une autre fois le quart toujours de la même unité, ce qui fait en tout le quart de 3 unités; or, pour prendre le quart de 3 unités, comme de tout autre nombre, il faut diviser 3, ou cet autre nombre, par 4. Donc en effet, etc.

152. *Pour réduire une fraction en décimales*, écrivez à la droite du numérateur autant de zéros que vous vous proposez d'avoir de décimales dans l'expression de la fraction, faites la division comme à l'ordinaire, et séparez, par le point décimal, sur la droite du quotient, autant de chiffres décimaux que vous avez écrit de zéros à la suite du numérateur.

En effet, le numérateur de la fraction, devenant dividende, il s'en suit qu'en écrivant à sa droite un, deux, trois, etc., zéros, le quotient de ce numérateur par le dénominateur est 10, ou 100, ou 1000, etc. fois trop grand; il faut donc le compter pour des dixièmes, ou des centièmes, ou des millièmes, etc.; ce qui se fait en séparant, par le point décimal, sur la droite, 1, ou 2, ou 3, etc. chiffres décimaux, c'est-à-dire autant qu'on avait écrit de zéros à la droite du numérateur de la fraction proposée.

153. Dans l'évaluation d'une fraction ordinaire en décimales comme dans la recherche du quotient d'une division à moins d'un dixième, d'un centième, d'un millième, etc., d'unité près (90), il faut, pour plus grande approximation, pousser celle-ci jusqu'au chiffre

qui viendrait après celui que l'on voudrait conserver. Si le dernier chiffre obtenu était 5, ou au-dessus de 5, on le supprimerait, mais on augmenterait d'une unité le dernier de ceux que l'on conserverait.

Soit, pour exemple, la fraction $\frac{7}{8}$ qui, réduite en décimales, donne 0.875. Si voulant avoir la valeur de $\frac{7}{8}$ à moins d'un dixième d'unité près, nous nous bornions à prendre 0.8, l'erreur serait de 0.075 qui est moindre qu'un dixième; mais comme le premier chiffre 7 de la partie que l'on néglige est plus fort que 5, je dis qu'il faut augmenter d'une unité le dernier chiffre 8 que l'on conserve, et écrire 0.9 qui approchera plus que 0.8 de la valeur de la fraction $\frac{7}{8}$. En effet, 0.9 ne diffère de 0.875 que de 0.025, tandis que 0.8 en diffère de 0.075 quantité trois fois plus forte que 0.025.

154. Il est des fractions, telles que $\frac{2}{3}$, $\frac{7}{9}$, et beaucoup d'autres, qui ne peuvent être évaluées exactement en décimales quelque loin qu'on pousse l'approximation. Ceci tient à ce que les facteurs simples qui entrent dans leurs dénominateurs ne sont facteurs, ni du numérateur, ni des nombres 10, 100, 1000, etc., par lesquels on multiplie ce numérateur. De là résulte que par quelque multiple de 10 qu'on multiplie le numérateur, le dénominateur ne saurait se trouver facteur du produit; que par conséquent le numérateur, ainsi préparé, ne pourra pas être divisé exactement par le dénominateur. De telles fractions, évaluées en décimales, offrent des successions de mêmes chiffres au quotient et sont, à raison de cela, appelées *fractions périodiques*.

155. Pour que la période des chiffres trouvés au quotient recommence, il est aisé de voir qu'on ne sera obligé de faire tout au plus qu'autant de divisions, moins une, qu'il y a d'unités dans le dénominateur de la fraction ordinaire. Car, on ne pourra avoir pour reste que l'unité ou 2, ou 3, ou 4, et ainsi de suite jusqu'au nombre qui sera moindre d'une unité que le dénominateur.

De là résulte que le *nombre des chiffres de la période ne pourra dépasser celui des unités moins une qu'il y en aura dans le dénominateur de la fraction proposée.*

156. Pour revenir d'une fraction décimale non périodique, à la fraction ordinaire d'où elle dérive, il faut diviser l'ensemble des

chiffres décimaux de la fraction proposée, considérés comme représentant des unités simples, par l'unité suivie d'autant de zéros qu'il y a de décimales, car $0,7 = \dfrac{7}{10}$; $0,06 = \dfrac{6}{100}$; $0,875 = \dfrac{875}{1000}$.

157. Mais *lorsque la fraction est périodique il faut écrire les chiffres de la période et les diviser par autant de 9 qu'il y a de chiffres dans la période.*

Pour le démontrer soit, par exemple, la fraction périodique 0,24 24 24 etc.; nous disons que pour revenir de cette fraction à la fraction ordinaire d'où elle dérive, il faut écrire les chiffres 24 de la période et les diviser par autant de 9 qu'il y a de chiffres dans cette période, c'est-à-dire par 99.

En effet, reculons le point décimal dans la fraction périodique, d'autant de rangs vers la droite qu'il y a de chiffres dans la période, c'est-à-dire, de deux rangs ici; la fraction deviendra cent fois plus grande, et nous aurons 24.242424 etc.; or, en effaçant tout ce qui est à la droite du point décimal, nous retranchons une fois la fraction périodique; ensorte que cette fraction, devenue d'abord cent fois plus grande, ne le sera plus qu'une fois de moins, ou 99 fois dans 24. Pour ramener ce résultat à la valeur primitive de la fraction proposée, il faut donc le diviser par 99, ce qui donne $\dfrac{24}{99}$, ou $\dfrac{8}{33}$ en divisant les deux termes par le facteur 3 qui leur est commun.

De même $0,0021\ 0021\ 0021$ etc. $= \dfrac{21}{9999}$, ou $\dfrac{7}{3333}$.

158. Quand la période ne commencera pas au premier chiffre décimal, on reculera le point décimal d'autant de rangs vers la droite qu'il sera nécessaire, pour que la période commence à ce chiffre; on opérera ensuite comme nous venons de l'indiquer, puis on écrira à la droite du dénominateur autant de zéros qu'on aura avancé le point décimal de rangs vers la droite.

En effet, $0,0066666$ etc. $= \dfrac{0.666\ \text{etc}}{100}$;

or (157), 0.66666 etc. $= \dfrac{6}{9}$ ou $\dfrac{2}{3}$.

Donc 0.0066666 etc. $= \dfrac{2}{300}$, ou $\dfrac{1}{150}$.

De même 630.0627627627 etc. $= 630 + \dfrac{0.627627627\ldots\ \text{etc.}}{10}$;

or (157), 0.627627627 etc. $= \dfrac{627}{999}$.

Donc 630.0627627627 etc. $= 630 + \dfrac{627}{9990}$.

De l'addition des fractions.

159. *Pour faire l'addition des fractions* il faut, lorsqu'elles ont le même dénominateur, faire une somme des numérateurs, et donner à cette somme, pour dénominateur, le dénominateur commun.

160. Si les fractions n'avaient pas le même dénominateur, on les y réduirait, et on opérerait comme il vient d'être dit.

161. S'il y avait des entiers joints aux fractions, on pourrait les réduire en fractions de même espèce que celles qui les accompagnent (119), et opérer comme précédemment.

Ou, encore, faire une somme des fractions et joindre cette somme à celle des entiers. Si la somme des fractions contenait une ou plusieurs unités, on écrirait la fraction excédente, et on joindrait ces unités à la somme des entiers proposés.

De la soustraction des fractions.

162. *La soustraction des fractions* se fait, lorsqu'elles ont le même dénominateur, en prenant la différence entre leurs numérateurs, et donnant à cette différence, pour dénominateur, le dénominateur commun.

163. Si les fractions n'avaient pas le même dénominateur, on les y réduirait, après quoi on opérerait comme il vient d'être dit.

164. S'il y avait des entiers joints aux fractions, on prendrait la différence entre les fractions, puis entre les entiers.

165. Si la fraction de la quantité que l'on doit retrancher, était plus grande que celle du nombre dont il faut la retrancher, on écrirait la première quantité au-dessous de la seconde : cette disposition faite, on emprunterait dans le nombre supérieur, une unité que l'on réduirait en fraction de même espèce que celle qui l'accompagne, on réunirait son numérateur à celui de cette fraction, on retrancherait du tout la fraction inférieure, et on écrirait le reste : on retrancherait ensuite le nombre entier inférieur de

son correspondant supérieur diminué d'une unité, et on écrirait le reste.

De la multiplication des fractions.

166. Dans la multiplication des fractions on se propose, comme dans toute autre multiplication, de composer avec le multiplicande, une quantité, qui soit à ce multiplicande, ce que le multiplicateur est à l'unité. De manière que si le multiplicateur était les $\frac{4}{5}$, par exemple, de l'unité, le produit serait les $\frac{4}{5}$ du multiplicande. Or, on prendra les $\frac{4}{5}$ du multiplicande en prenant d'abord le 5e de ce multiplicande, et répétant ensuite ce cinquième 4 fois. D'après cela pour multiplier une fraction par $\frac{4}{5}$ il faut d'abord en prendre le cinquième, c'est-à-dire, la rendre 5 fois plus petite, ce qui se fait en multipliant son dénominateur par 5 (120); puis répéter ce résultat 4 fois, ce qui s'effectue en multipliant son numérateur, qui est celui de la fraction multiplicande, par 4. On voit d'après cela que *la multiplication des fractions revient à faire un produit de leurs numérateurs, et à donner à ce produit, pour dénominateur, le produit des dénominateurs de ces mêmes fractions.*

167. S'il y avait un nombre entier joint à chaque fraction, on réduirait chacun d'eux en fraction de même espèce que celle qui l'accompagne (119), et on opérerait, pour trouver le produit, comme on vient de faire dans la multiplication de deux fractions.

Mais le procédé qu'il est souvent mieux d'employer consiste à multiplier le nombre entier qui est dans le multiplicande par celui du multiplicateur, puis la fraction du multiplicande par le nombre entier qui est dans le multiplicateur, et enfin tout le multiplicande par la fraction qui se trouve dans le multiplicateur.

168. Cette seconde manière d'opérer exige que l'on sache multiplier un nombre entier par une fraction. Recherchons-en la règle.

Si nous multiplions le nombre entier par le numérateur de la fraction proposée le produit sera autant de fois trop grand qu'il y a d'unités dans le dénominateur de cette fraction (46); de là la nécessité de diviser le produit obtenu, par ce même dénominateur. Ainsi, *pour multiplier un nombre entier par une fraction, la règle se réduit à multiplier le numérateur de la fraction proposée, par le nombre entier.*

169. Puisque la multiplication a pour objet de composer avec le multiplicande un nombre qui soit à ce multiplicande, ce que le multiplicateur est à l'unité, il en résulte que si le multiplicateur est une fraction proprement dite, c'est-à-dire est plus petit que l'unité, le produit sera plus petit que le multiplicande. Ainsi, *lorsqu'on multiplie par une fraction, le produit est toujours plus petit que le multiplicande.* **Par** conséquent ce serait prendre une fausse idée de la multiplication, et du produit, que d'y attacher celle d'augmentation.

De la division des fractions.

170. Puisque dans toute division le diviseur et le quotient sont les facteurs du dividende (74), il en résulte que si l'on avait le quotient de la division d'une fraction par une fraction, en multipliant la fraction diviseur par ce quotient, on reproduirait la fraction dividende : il faudrait donc (166) que le numérateur de la fraction diviseur, multiplié par celui de la fraction quotient, donnât le numérateur de la fraction dividende, et que le produit des dénominateurs des fractions diviseur et quotient donnât le dénominateur de la fraction dividende. Par conséquent, en divisant le numérateur de la fraction dividende par celui de la fraction diviseur, on a le numérateur de la fraction quotient; et en divisant le dénominateur de la fraction dividende par celui de la fraction diviseur, on obtient le dénominateur de la fraction quotient (94).

On voit ainsi que *la règle qui s'offre naturellement pour diviser une fraction par une fraction, est de diviser le numérateur de la fraction dividende par celui de la fraction diviseur, et le dénominateur de la fraction dividende par le dénominateur de la fraction diviseur.*

171. **Mais** comme le plus souvent ce dernier dénominateur n'est pas facteur de celui de la fraction dividende, et qu'il en est aussi souvent de même du numérateur de la fraction diviseur à l'égard de celui de la fraction dividende, on est, par ce double motif, obligé de recourir à un autre procédé.

172. Cet autre procédé, pour faire la division des fractions, consiste à *multiplier le dénominateur de la fraction dividende par le numérateur de la fraction diviseur, et le numérateur de la frac-*

tion dividende par le dénominateur de la fraction diviseur; ce qui revient à renverser la fraction diviseur, et à multiplier la fraction dividende par cette fraction diviseur ainsi renversée.

En effet, si l'on avait la fraction dividende à diviser par le numérateur de la fraction diviseur, il faudrait multiplier (120) le dénominateur de la fraction dividende par le numérateur de la fraction diviseur; mais ce n'était pas par ce dernier numérateur tout entier qu'il fallait diviser, c'était par une quantité autant de fois plus petite qu'il y a d'unités dans son dénominateur; le quotient obtenu est donc ce même nombre de fois trop petit, il faut donc le rendre ce même nombre de fois plus grand, ce qui se fait en multipliant le numérateur de la fraction dividende par le dénominateur de la fraction diviseur (120); donc, etc.

173. S'il y avait des entiers joints aux fractions, on réduirait ces entiers en fractions de même espèce que celles qui les accompagnent, et on serait ramené au cas de la division d'une fraction par une fraction.

174. *Si l'on avait un nombre entier à diviser par une fraction,* il faudrait renverser la fraction diviseur, et multiplier son nouveau numérateur par le nombre entier proposé.

En effet, si nous avions le nombre entier proposé à diviser par le numérateur de la fraction diviseur, l'opération se réduirait à donner ce dernier nombre pour diviseur au nombre entier proposé; mais ce n'était pas par le numérateur tout entier de la fraction diviseur qu'il fallait diviser; c'était par une quantité autant de fois plus petite qu'il y a d'unités dans son dénominateur (151); le quotient trouvé est donc ce même nombre de fois trop petit, il faut donc le rendre ce même nombre de fois plus grand; ce qui se fait en multipliant le nombre entier proposé par le dénominateur de la fraction diviseur (120).

175. *Lorsque l'on divise une quantité quelconque par une fraction, le quotient est toujours plus grand que le dividende.*

En effet, si le diviseur était l'unité, on aurait au quotient le dividende; or, lorsque le diviseur devient plus petit, il est contenu un plus grand nombre de fois qu'auparavant dans le dividende; donc, lorsque le diviseur est une fraction, le quotient est plus grand que le dividende.

De l'évaluation des fractions.

176. Passons maintenant à *l'évaluation des fractions,* et supposons d'abord que l'on demandât ce que valent les $\frac{5}{6}$ de 25^f; or,

les $\frac{5}{6}$ de 25^f ne sont autre chose que 5 fois le sixième, ou le sixième
de 5 fois 25^f; ainsi 5 fois 25^f étant 125^f, il s'agit de prendre le
sixième de ce produit, et on aura 20^f. 83^c pour la valeur des $\frac{5}{6}$ de
25^f, à moins d'un centième de franc près.

177. Il est plus facile d'évaluer une fraction décimale, puisqu'elle n'a pas de dénominateur. Exemple : Supposons que l'on
demande la valeur de la fraction 0.76 de la livre.

Puisque la livre vaut 20^s, je multiplie 20^s par 0.76, et j'ai 15^s. 20 ;
multipliant 0.20 par 12, puisque chaque sol vaut 12 deniers, nous
aurons 2^d. 40; de sorte que les 0.76 d'une livre valent 15^s 2^d. 40;
ou, en simplifiant, 15^s 2^d. 4; ou encore 15^s 2^d $\frac{2}{5}$ de denier. Ces
deux exemples donnent la marche à suivre dans tous les autres
cas.

178. On appelle *fraction de fraction* une suite de fractions
séparées les unes des autres par l'article *de.*

179. *Pour réduire les fraction de fraction en une seule fraction,
il faut faire un produit des numérateurs, et lui donner pour dénominateur le produit de tous les dénominateurs primitifs.*

Ainsi, les $\frac{2}{3}$ de $\frac{4}{5}$ de $\frac{7}{8}$ se réduisent à $\frac{56}{120}$.

En effet, prendre les $\frac{2}{3}$ de $\frac{4}{5}$ c'est multiplier $\frac{4}{5}$ par $\frac{2}{3}$, ce qui
donne $\frac{8}{15}$; par conséquent les $\frac{2}{3}$ de $\frac{4}{5}$ de $\frac{7}{8}$ ne sont autre chose
que les $\frac{8}{15}$ de $\frac{7}{8}$; or, prendre les $\frac{8}{15}$ de la fraction $\frac{7}{8}$, c'est multiplier $\frac{7}{8}$ par $\frac{8}{15}$, et on a $\frac{56}{120}$.
Ce qu'il fallait démontrer.

DES NOMBRES COMPLEXES.

180. Un *nombre complexe*, est un nombre qui renferme plusieurs espèces d'unités, tel que 4 toises, 3 pieds, 6 pouces.

181. Un *nombre incomplexe* est un nombre qui ne renferme qu'une seule espèce d'unités, tel que 4 toises, ou 16 livres.

Addition.

182. *L'addition des nombres complexes* se fait en écrivant les uns sous les autres les nombres qu'on a dessein d'ajouter, et de manière que les unités d'une même espèce se trouvent dans une même colonne verticale; on souligne le tout; on commence l'opération par les unités de la plus petite espèce. Si leur somme ne compose pas une ou plusieurs unités de l'espèce immédiatement supérieure, on l'écrit au-dessous; mais si elle compose une ou plusieurs de ces unités, on n'écrit au-dessous que l'excédent du plus grand nombre d'unités de cette espèce, et on retient celles-ci pour les ajouter à celles de même espèce qui se trouvent dans la colonne précédente, sur laquelle on opère de la même manière; et ainsi de suite sur toutes les autres.

Soustraction.

183. Disposez, pour faire la soustraction, le nombre que l'on doit retrancher sous celui duquel on doit le retrancher, comme on vient de le faire pour l'addition; retranchez chaque chiffre inférieur de son correspondant supérieur, en commençant par les unités de la plus petite espèce, et écrivez les restes à fur et à mesure. Si quelques unes des parties de la quantité à retrancher étaient plus grandes que celle dont il s'agit de retrancher, on emprunterait une unité sur le chiffre de l'espèce immédiatement supérieure; on réduirait cette unité en unités de l'espèce sur laquelle on opère; on y ajouterait celles de cette même espèce qui se trouvent dans la colonne, et de la somme on retrancherait le chiffre inférieur; on retrancherait ensuite chacune des autres parties à gauche du nombre inférieur, de celle qui lui correspond dans le nombre supérieur, après avoir toutefois diminué d'une unité le chiffre sur lequel on aurait fait l'emprunt.

Multiplication.

184. On peut faire la multiplication des nombres complexes de deux manières différentes, ou par les fractions, ou par les parties aliquotes.

185. *Pour faire la multiplication des nombres complexes par les fractions,* on réduit chacun des deux facteurs en unités de sa plus petite espèce, et on lui donne pour dénominateur le nombre qui marque combien il faut d'unités de cette plus petite espèce pour former l'unité principale *; l'opération est réduite à la multiplication de deux fractions (166), après quoi on évalue la fraction qui exprime le produit (176).

186. On dit *qu'un nombre est partie aliquote d'un autre nombre* lorsqu'il est contenu dans cet autre un nombre exact de fois,

Par exemple, 2^s, 4^s, 5^s, 10^s, sont parties aliquotes de la livre, puisqu'elle vaut 20^s. Les parties aliquotes du sol en deniers sont 2, 3, 4, 6; celles de la toise en pieds, 2, 3; etc., etc.

187. *Pour faire la multiplication des nombres complexes par les parties aliquotes,* il faut écrire le multiplicateur au-dessous du multiplicande; multiplier, après avoir souligné le tout, les unités principales du multiplicande par celles du multiplicateur; décomposer ensuite les unités de la seconde espèce du multiplicande en parties aliquotes de l'unité principale de ce même multiplicande, et prendre ces parties autant de fois que l'indiquent les unités principales du multiplicateur; décomposer de même les unités de la troisième espèce du multiplicande en parties aliquotes de la seconde espèce de ce même multiplicande, et prendre ces parties autant de fois que l'indiquent les unités principales du multiplicateur, et ainsi de suite, tant qu'il se trouvera des unités inférieures dans le multiplicande.

Pareillement décomposer les unités inférieures du multiplicateur, en parties aliquotes des unités de l'espèce immédiatement supérieure de ce même multiplicateur, et prendre tout le multiplicande autant de fois que l'indiquent les nombres qui expriment ces parties aliquotes ; réunissant enfin tous les produits partiels, on aura le produit total.

Il est souvent plus simple lorsqu'on multiplie par les unités de

---

* Les unités *principales* d'un nombre sont celles de la plus grande espèce.

la troisième, quatrième, etc., espèce du multiplicateur, et qu'on n'a pas le produit relatif à une seule unité de l'espèce immédiatement supérieure de se donner un produit *auxiliaire* pour une seule de ces unités, et de prendre sur celui-ci des parties marquées par les parties aliquotes des unités inférieures à la deuxième, troisième, quatrième, etc. espèce du multiplicateur.

Lorsqu'on a opéré ainsi, il ne faut pas tenir compte, dans la somme, du produit auxiliaire qu'on se sera donné. C'est à ce produit auxiliaire que les arithméticiens donnent le nom de *faux produit*, expression assurément bien vicieuse.

Nous proposons comme application de la règle de la multiplication des nombres complexes, la question suivante :

Un négociant a fait une opération de commerce, telle que pour chaque livre il a gagné 11^{lt} 11^s 11^d. *On demande combien lui auront rapporté* 11^{lt} 11^s 11^d?

On devra trouver pour résultat 134^{lt} 9^s 3^d $\dfrac{49}{240}$.

Division.

188. Nous ferons remarquer d'abord que dans la division des nombres complexes, c'est l'état de la question qui indique de quelle nature doivent être les unités du quotient. En effet, si on avait, par exemple, 426^{lt} 8^s 4^d à partager également entre treize personnes, il faudrait diviser 426^{lt} 8^s 4^d par 13, et on aurait au quotient des livres, des sols, des deniers, c'est-à-dire des unités de même espèce que celles du dividende.

Sachant qu'une toise d'ouvrage coûte 5^{lt} 16^s, pour savoir combien on en ferait faire pour 27^{lt} 11^s 4^d, il faudrait évidemment diviser 27^{lt} 11^s 4^d par 5^{lt} 16^s, et le quotient serait des toises, des pieds, des pouces, etc. On aurait ainsi au quotient des unités d'espèces différentes de celles du dividende.

Division d'un nombre complexe par un nombre incomplexe.

189. *Si les unités du quotient doivent être de même espèce que celles du dividende*, on divisera les unités principales du dividende par le diviseur, selon la règle ordinaire *de la division des nombres abstraits*, on écrira le quotient à côté; on réduira le reste

de cette division en unités de la seconde espèce du dividende, et
on y ajoutera celles de cette espèce qui se trouveront dans ce
même dividende; on divisera le tout comme à l'ordinaire, et on
écrira le quotient à côté; s'il y a encore un reste, on le réduira
en unités de la troisième espèce du dividende, et on y ajoutera
celles de même espèce qui se trouveront dans le dividende; on
divisera le tout comme il a été dit, et on écrira le quotient à côté.
On continuera de réduire chaque reste en unités de l'espèce suivante, tant qu'il s'en trouvera d'inférieures dans le dividende, et
on divisera comme précédemment. Comptant les unités des quo-
tiens successifs comme étant de même espèce que celles des dividendes partiels que l'on emploie, l'opération sera terminée.

190. *Si les unités du quotient devaient être d'espèces différentes de celles du dividende*, on réduirait alors le dividende en
unités de sa plus petite espèce; mais afin de ne pas changer la valeur du quotient, on multiplierait le diviseur par le nombre qui
marque combien il faut d'unités de la plus petite espèce du dividende pour composer l'unité principale de ce même dividende. Par
ce moyen on ne trouble pas le quotient; car au lieu de donner
pour dénominateur au dividende le nombre qui marque combien
il faut d'unités de la plus petite espèce pour composer l'unité principale, nous multiplions le diviseur par ce même nombre.

Maintenant on fera la division comme ci-dessus, *et on considérera le dividende comme ayant des unités de même espèce que
celles que doit avoir le quotient.*

Division d'un nombre complexe par un nombre complexe.

191. On réduira le diviseur en unités de sa plus petite espèce,
et on multipliera le dividende par le nombre qui indique combien il faut d'unités de la plus petite espèce du diviseur pour
former l'unité principale de ce même diviseur : *alors la division
sera ramenée au cas où le diviseur est incomplexe.*

Il est évident qu'on n'a, par cette préparation, rien changé à
la valeur du quotient, puisqu'on a multiplié le dividende et le diviseur chacun par un même nombre qui est celui des unités de la
plus petite espèce du diviseur nécessaire pour composer l'unité
principale de ce même diviseur.

192. La division d'un nombre complexe par un nombre complexe peut être ramenée au cas de la division d'une fraction par

une fraction, en réduisant le dividende et le diviseur chacun en unités de sa plus petite espèce, et donnant à chacun d'eux pour dénominateur, le nombre qui marque combien il faut d'unités de cette plus petite espèce pour former l'unité principale.

193. *Si l'on avait un nombre complexe à diviser par une fraction ordinaire*, il faudrait réduire le dividende en fraction, et on aurait alors une fraction à diviser par une fraction; ou encore, multiplier tout le dividende par le dénominateur de la fraction, puis diviser le produit par le numérateur de cette fraction.

194. *Si l'on avait, au contraire, une fraction à diviser par un nombre complexe*, on réduirait le diviseur en fraction, puis on diviserait la fraction dividende par la fraction diviseur.

195. *Pour diviser un nombre complexe par une fraction décimale*, il faut réduire en décimales les unités du dividende inférieures aux unités principales, et faire la division comme il a été dit (88).

196. *Si c'était une fraction décimale que l'on eût à diviser par un nombre complexe*, ce serait alors le diviseur qu'il faudrait réduire en décimales, et on suivrait encore la règle posée (88).

DU SYSTÈME MÉTRIQUE.

197. La longueur et la difficulté des opérations sur les nombres complexes, réunies à l'inconvénient des poids et mesures différents, non-seulement de province à province, mais souvent même de commune à commune, avaient fait désirer, long-temps avant la révolution, un système uniforme de poids et mesures. Des savants français furent invités, en 1793, à en présenter un. Celui dont ils se sont occupés, et qui a été adopté, est appelé *système métrique* : il a pour type commun le *mètre* qui est la dix-millionième partie du quart du méridien terrestre, ou de la distance du pôle à l'équateur prise sur le méridien qui passe par Paris; la longueur du mètre, en mesures anciennes, a été trouvée de 3 pieds 0 pouces 11 lignes 296 millièmes de ligne.

198. Les mesures de dix en dix fois plus grandes que le mètre sont :

Le *décamètre* qui vaut 10 mètres,

L'*hectomètre* qui en vaut 100,

Le *kilomètre* qui en vaut 1000,

Et le *myriamètre* qui en vaut 10000.

Les mesures de dix en dix fois plus petites, sont :

Le *décimètre*, qui est la dixième partie du mètre; *le centimètre*, qui en est la centième partie; *le millimètre*, qui en est la millième partie. Viennent ensuite le dix-millimètre, le cent-millimètre, etc.

199. L'unité de superficie est *l'are* qui contient 100 mètres carrés, c'est-à-dire qui est un carré qui a 10 mètres sur chacun de ses côtés. Une mesure cent fois plus grande que l'are s'appelle *hectare*. Celle qui est dix mille fois plus grande que l'are, ou cent fois plus grande que l'hectare, s'appelle *myriare*.

200. L'unité des mesures de capacité est le *litre* : il est équivalent à un *cube*, c'est-à-dire à un volume de la forme d'un *dé* à jouer, mais dont chaque côté est de la longueur d'un décimètre. En sorte que le litre est de la contenance de ce que les géomètres appellent un *décimètre cube*.

201. Les mesures de capacité de dix en dix fois plus grandes que le *litre*, sont :

Le *décalitre* qui contient 10 litres,

L'*hectolitre* qui en contient 100,

Le *kilolitre* qui en contient 1000.

Les mesures de dix en dix fois plus petites, sont : le *décilitre*, le *centilitre*, le *millilitre*, etc.

202. L'unité de poids est le *gramme*. Ce poids est équivalent au poids d'un centimètre cube d'eau *distillée*, c'est-à-dire d'eau pure ou dégagée, autant que la distillation peut le permettre, de toute matière héthérogène, et ramenée, par le refroidissement, à son *maximum de densité* [*], c'est-à-dire, à avoir le plus fort poids possible sous un volume donné. Le *gramme* pèse, en anciens poids de marc, 18 grains 82715 cent millièmes de grain.

203. Les poids de dix en dix fois plus grands que le *gramme*, sont :

Le *décagramme* qui pèse 10 grammes,

L'*hectogramme* qui en pèse 100,

Le *kilogramme* qui en pèse 1000,

Le *myriagramme* qui en pèse 10,000.

Les poids de dix en dix fois plus petits sont : le *décigramme*, le *centigramme*, le *milligramme*, etc.

204. L'unité monétaire est le *franc* ; sa valeur est celle d'une

---

[*] Ce *maximum de densité* a été pris sous la pression moyenne de l'atmosphère mesurée par une colonne de mercure de 28 pouces ou 758 millimètres de hauteur : la température du liquide étant à 4 degrés centigrades environ au-dessus de zéro

pièce d'argent, alliée à un dixième de cuivre, et pesant 5 grammes.

On sait que le franc se divise en 10 *décimes*, ou en 100 *centimes*, en sorte que chaque décime vaut 10 centimes.

205. L'un des grands avantages de ce système vient de ce que les monnaies peuvent servir à vérifier les poids, et réciproquement. En effet, puisqu'une pièce d'un franc pèse 5 grammes, deux pièces d'un franc ou une pièce de deux francs, pèse 10 grammes ou un décagramme ; une pièce de 5 francs, pèse 25 grammes ou 5 grammes et 2 décagrammes ; 10 pièces de deux francs, ou 4 pièces de cinq francs, pèsent un hectogramme ; 40 pièces de cinq francs pèsent un kilogramme ; et ainsi de suite.

206. Un autre avantage de ce système est de mettre à même d'effectuer les opérations de l'arithmétique sur les nombres complexes comme celles des nombres entiers, et de convertir mentalement, où par le seul déplacement du point décimal, comme dans les nombres décimaux, telle espèce d'unités en unités de 10 en 10 fois plus grandes ou plus petites.

Exemple 83654 ^{gr}. 127 peut se rendre ainsi : 8 myriagrammes, 3 kilogrammes, 6 hectogrammes, 5 décagrammes, 4 grammes, 1 décigramme, 2 centigrammes et 7 milligrammes.

ou 83,654, 127 milligrammes,

ou 8,365,412 centigrammes, plus 27 milligrammes,

ou 836,541 décigrammes, 27 milligrammes,

ou 83,654 grammes 127 milligrammes,

ou 8,365 décagrammes, 4 grammes et 127 milligrammes,

ou 836 hectogrammes, 5 décagrammes, 4 grammes et 127 milligrammes,

ou 836 hectogrammes, 54 grammes, 127 milligrammes,

ou 83 kilogrammes, 6 hectogrammes, 5 décagrammes, 4 grammes,
127 milligrammes,

ou 83 kilogrammes, 654 grammes, 127 milligrammes ;

Et ainsi de suite.

207. Nous terminerons ce sujet en observant que quand bien même tous les *étalons* des poids et mesures viendraient à être altérés ou détruits, on aurait toujours la faculté de les retrouver dans la nature puisque le *mètre*, qui est le générateur de toutes les mesures, de tous les poids, serait retrouvé en prenant la dix millionième partie de la distance de l'équateur au pôle.

Nous verrons plus tard comment on doit procéder pour convertir les anciennes mesures en nouvelles, et réciproquement.

DES CARRÉS.

208. *Le carré*, ou *la seconde puissance d'un nombre*, est le produit de ce nombre par lui-même. Ainsi le carré de 6 est 36, parce que 6 multiplié par lui-même donne 36.

209. D'après cela, pour élever une fraction au carré il faut la multiplier par elle-même, ce qui revient à élever chacun de ses deux termes au carré.

210. La *racine carrée* ou *deuxième d'un nombre*, est un nombre qui, multiplié par lui-même, reproduirait le nombre proposé. Ainsi la racine carrée de 36 est 6, parce que 6 multiplié par 6, donne 36.

211. Les neuf chiffres significatifs étant 1, 2, 3, 4, 5, 6, 7, 8, 9.
Leurs carrés respectifs sont, 1, 4, 9, 16, 25, 36, 49, 64, 81.

D'après cela, la racine carrée de 1 est 1 ; celle de 4 est 2, celle de 9 est 3, celle de 16 est 4, celle de 25 est 5, celle de 36 est 6, celle de 49 est 7, celle de 64 est 8, et celle de 81 est 9.

212. On voit encore, d'après cela, que la racine carrée de tout nombre compris en 1 et 4 est plus grande que l'unité, et plus petite que 2 ; que celle de tout nombre compris entre 4 et 9, de 7, par exemple, est plus grande que 2, et plus petite que 3 ; et ainsi de suite.

213. *Si on élève au carré un nombre fractionnaire irréductible, le résultat sera aussi irréductible.*

Pour le démontrer, soit le nombre fractionnaire évidemment irréductible $\frac{15}{14}$.

En décomposant ses deux termes en leurs facteurs premiers, on aura $\frac{3 \times 5}{2 \times 7}$. En l'élevant au carré on a (209), $\frac{3 \times 5 \times 3 \times 5}{2 \times 7 \times 2 \times 7}$. Or, aucun des facteurs simples du dénominateur de ce carré n'étant commun au numérateur décomposé aussi en ses facteurs simples, ce carré est tout aussi irréductible que le nombre proposé $\frac{15}{14}$. Donc en effet, etc.

214. Il résulte de cette proposition que *tout nombre entier qui n'a pas de racine carrée exacte en nombre entier ne peut en avoir non plus une en nombre fractionnaire.* Car, si un nombre entier pouvait avoir pour racine carrée un nombre fractionnaire il faudrait qu'un nombre fractionnaire irréductible, élevé au carré, donnât un nombre entier, ce qui est impossible ainsi que nous venons de le démontrer (213).

215. C'est par ce motif qu'on appelle *nombre irrationnel, ou incommensurable*, c'est-à-dire, qui ne peut pas être mesuré exactement, la racine carrée d'un nombre qui n'est pas un carré parfait. Ces nombres irrationnels, ou incommensurables, sont appelés ainsi par opposition aux *nombres rationnels* ou *commensurables* qui ont une commune mesure avec l'unité.

216. Le plus grand nombre qui ne renferme qu'un seul chiffre étant 9, dont le carré 81 ne renferme que 2 chiffres, il en résulte que *tout nombre qui ne contient qu'un seul chiffre, en a au plus deux à son carré*. Réciproquement *tout nombre composé de deux chiffres, n'en aura qu'un seul à sa racine carrée*.

217. Le plus petit nombre à deux chiffres est 10, dont le carré 100 renferme trois chiffres; mais le plus grand nombre à deux chiffres est 99, dont le carré 9801 ne renferme que quatre chiffres. Donc *tout nombre composé de deux chiffres en a au moins trois à son carré, et quatre au plus*. Réciproquement *tout nombre composé de plus de deux chiffres, et de moins de cinq, en aura toujours deux à sa racine carrée*.

218. Le carré d'un nombre qui renferme des dixaines et des unités est composé de trois parties; savoir : *du carré des dixaines, du double des dixaines multiplié par les unités et du carré des unités*.

En effet, puisque le carré d'un nombre résulte de la multiplication de ce nombre par lui-même, nous aurons en multipliant par lui-même un nombre qui renferme des dixaines et des unités, savoir :

En multipliant les unités du multiplicande par celles du multiplicateur, nous aurons, dis-je, le carré des unités;

Les dixaines du multiplicande étant multipliées par les unités du multiplicateur donneront, une fois le produit des dixaines par les unités;

Les unités du multiplicande étant multipliées par les dixaines du multiplicateur donneront, une fois le produit des unités par les dixaines ou, ce qui revient au même, une fois le produit des dixaines par les unités;

Enfin, les dixaines du multiplicande étant multipliées par celles du multiplicateur donneront, le carré des dixaines.

En réunissant de ces quatre produits partiels les deux qui sont semblables nous voyons qu'en effet le carré d'un nombre qui renferme des dixaines et des unités, est composé des trois parties précédemment énoncées.

219. On démontrerait de la même manière qu'en concevant le nombre comme composé de deux parties, son carré serait formé *du carré de la première partie, du double de la première partie multiplié par la seconde, et du carré de la seconde partie.*

Par exemple 14 peut être considéré comme composé de 12+2, dont les parties du carré étant :

$$12 \times 12 = 144,$$
$$12 \times 2 \times 2 = 48$$
$$2 \times 2 = 4$$

Ce carré est...... 196.

Si l'on eût considéré 14 comme composée de 13+1 les parties du carré auraient été

$$13 \times 13 = 169,$$
$$13 \times 2 \times 1 = 26$$
$$1 \times 1 = 1$$

et le carré...... = 196.

220. Puisque le carré d'un nombre composé de deux parties renferme le carré de la première partie, plus le double de la première partie multiplié par la seconde, plus le carré de cette seconde partie, il en résulte *que lorsqu'on augmente un nombre d'une unité le carré de ce nombre augmente du double de ce même nombre plus un.*

En effet, en considérant le nouveau nombre comme composé de deux parties, dont la première sera le nombre proposé, et la seconde l'unité, le carré de ce nouveau nombre sera composé du carré de la première partie, c'est-à-dire, du carré du nombre proposé, plus du double de cette première partie, ou du double du nombre proposé multiplié par la seconde partie qui est l'unité, plus du carré de cette unité qui est 1.

On voit ainsi que ce carré diffère de celui du nombre proposé, de deux fois ce nombre, plus 1.

221. *Pour extraire la racine carrée d'un nombre qui renferme plus de deux chiffres et moins de cinq,* nous ferons observer que puisque ce nombre renferme plus de deux chiffres, il aura à sa racine des dixaines et des unités : il sera donc composé de trois parties, savoir : *du carré des dixaines, du double des dixaines multiplié par les unités, et du carré des unités* (218). Cherchons les dixaines de la racine, or, le carré des dixaines étant des centaines

(217), ce carré ne peut s'étendre sur les deux premiers chiffres de la droite, voilà pourquoi on les séparera par une virgule; on extraira la racine carré de la partie qui est à gauche; on écrira cette racine à côté du nombre proposé, on l'élèvera au carré, on retranchera ce carré de la partie employée. et on écrira le reste au-dessous; à côté de ce reste on abaissera les deux chiffres séparés sur la droite. Puisque du nombre proposé on a ôté le carré des dixaines, le reste total ne sera plus composé que de deux parties, savoir : *du double des dixaines multiplié par les unités, et du carré des unités;* or, de ces deux parties, la première suffit pour faire trouver les unités de la racine; car, si on la divise par le double des dixaines trouvées, qui est un de ses facteurs, on aura au quotient les unités, qui sont l'autre facteur (94); il ne s'agit donc plus que de savoir dans quelle partie du reste total est compris ce double des dixaines multiplié par les unités; or, nous remarquons qu'il ne peut faire partie du premier chiffre de la droite, parce que le double des dixaines est nécessairement des dixaines, et que des dixaines prises une fois, deux fois, trois fois, etc., c'est-à-dire, multipliées par des unités, donnent encore des dixaines; d'après cela, on séparera ce premier chiffre de la droite par une virgule, et divisant la partie à gauche par le double des dixaines, le quotient donnera les unités, qu'il faudra écrire à la droite des dixaines de la racine.

222. Pour vérifier cette racine, et avoir un reste s'il y en a un, écrivons le quotient que nous venons d'obtenir à la droite du double des dixaines, ce qui donnera le double des dixaines plus les unités; multipliant le tout par ce quotient, en commençant par la droite, on formera ainsi le carré des unités, et le double des dixaines multiplié par les unités; retranchons enfin ces produits successifs du reste total ; s'il ne reste rien, c'est une preuve que la racine trouvée est la racine exacte du nombre proposé ; car nous avons ôté successivement du nombre proposé chacune des parties dont il est composé. S'il y a un reste, la racine trouvée sera la racine en nombre entier du nombre proposé. Si le dernier produit était plus fort que la partie supérieure qui lui correspond, la racine trouvée serait trop forte, et alors on la diminuerait d'autant d'unités qu'il serait nécessaire pour que la soustraction pût s'effectuer.

On est sujet à trouver une racine trop forte lorsque la partie qui reste à gauche, après qu'on à séparé le dernier chiffre, renferme outre les dixaines qui proviennent du double des dixaines multiplié par les unités, celles qui proviennent du carré des unités.

En procédant comme il vient d'être dit on trouvera que la racine carrée exacte de 4096 est 64 ; que celle de 8463 est 91, et qu'il reste 182, nombre inférieur au double de 91 plus 1.

Nous proposerons encore, pour exemple, d'extraire la racine carrée de 289.

Lorsqu'après la vérification de la racine on a reconnu que le chiffre des unités est trop fort, ainsi que ceci arrive dans le dernier exemple que nous venons de proposer, on pourrait être tenté de diminuer, et quelquefois l'on diminue en effet, la racine de plusieurs unités ; mais alors elle pourrait être trop faible : elle le serait si le reste était plus grand que le double de la racine trouvée.

En effet, en considérant cette racine comme la première partie de la racine véritable, il faudrait l'augmenter d'une unité si le reste contenait le double de cette racine plus un ; car, en divisant ce reste qui est composé du double de la première partie de la racine multiplié par un, plus un (220), par le double de la première partie de la racine, on aura au quotient une unité qui devra être réunie à la racine primitive.

On voit, d'après cela, que si le premier reste eût renfermé le double de la première partie de la racine multiplié par 2, plus le carré de 2 qui est 4, la racine aurait été trop faible de deux unités.

En général, elle serait trop faible de N unités, si le reste renfermait le double de la première partie de la racine multiplié par N, plus le carré de N.

223. *Occupons-nous maintenant de l'extraction de la racine carrée d'un nombre qui renferme plus de quatre chiffres*, et observons que puisque ce nombre renferme plus de deux chiffres, il aura à sa racine des dixaines et des unités : il sera par conséquent composé du carré des dixaines, du double des dixaines multiplié par les unités, et du carré des unités. Pour avoir la partie du nombre qui renferme le carré des dixaines de la racine, on séparera, par une virgule, les deux premiers chiffres de la droite, et comme la partie qui reste à gauche renferme elle-même plus de deux chiffres, elle aura à sa racine des dixaines et des unités, c'est-à-dire des centaines et des dixaines ; mais comme le carré des centaines ne peut faire partie des deux chiffres qui précèdent ceux déjà séparés, on les séparera par une virgule. Si la partie qui reste à gauche renfermait plus de deux chiffres, sa racine contiendrait des dixaines et des unités, c'est-à-dire des mille et des centaines ; or, le carré des mille de la racine ne pouvant s'étendre sur les

deux chiffres qui précèdent ceux déjà séparés, on les séparera par une virgule. En continuant le même raisonnement, on voit *qu'il faut partager la partie à gauche, et par conséquent tout le nombre proposé, en tranches de deux chiffres chacune en allant de droite à gauche;* mais alors la tranche la plus à gauche pourrait bien ne renfermer qu'un seul chiffre.

On extraira la racine carré de la tranche qui est la plus à gauche, on écrira cette racine à côté, on l'élevera au carré, on retranchera ce carré de la partie qui aura été employée, et on écrira le reste au-dessous; à côté de ce reste on abaissera la tranche suivante, on séparera le premier chiffre de la droite par une virgule, et on divisera la partie qui est à gauche par le double des dixaines trouvées; on écrira ce quotient à la droite de la racine, on multipliera le tout par ce même quotient, on retranchera le produit du reste partiel, et on écrira le reste au-dessous. On considérera les deux chiffres de la racine comme exprimant les dixaines, on raisonnera et on opérera pour trouver le troisième chiffre, connaissant les deux premiers, comme on l'a fait pour trouver le second, connaissant le premier. S'il devait y avoir un quatrième chiffre à la racine, on se conduirait, pour le trouver, comme on l'a fait pour trouver le troisième, connaissant les deux premiers; et on continuerait successivement de raisonner et d'opérer comme on vient de le faire, tant qu'il devrait y avoir de nouveaux chiffres à la racine.

On voit, à l'inspection seule d'un nombre, d'après le procédé de l'extraction de sa racine, combien cette racine doit avoir de chiffres, puisque chaque tranche en donne un à la racine.

224. Lorsque le nombre dont on veut extraire la racine carrée est grand, et que l'on a déjà trouvé plus de la moitié des chiffres de sa racine, on peut aisément trouver les autres par la simple division : pour cet effet, on abaissera à la suite du reste tous les autres chiffres du nombre proposé, on séparera sur la droite moitié autant de chiffres qu'il vient d'en être abaissé, et on divisera la partie à gauche par le double de la racine trouvée; le quotient donnera les nouveaux chiffres qu'il faudra écrire à la droite de ceux déjà trouvés (1).

Ce procédé est fondé sur ce qu'en divisant le double de la première partie de la racine multipliée par la seconde, par le double de la première partie, on trouve au quotient la seconde. Cette

---

(1) Ce procédé peut, dans certains cas, donner une unité d'erreur sur la racine.

seconde partie étant trouvée, on vérifiera la racine, en retranchant le carré de cette racine du nombre proposé.

225. *Lorsque le nombre proposé n'est pas un carré parfait*, il faut, pour en extraire une racine approchée par le moyen des décimales, écrire à la suite de ce nombre deux fois autant de zéros qu'on se propose d'avoir de décimales à la racine, faire l'opération comme pour les nombres entiers, et séparer, par le point décimal, sur la droite de la racine, moitié autant de chiffres décimaux qu'on aura écrit de zéros à la droite du nombre proposé.

En effet, en écrivant quatre zéros, par exemple, à la droite du nombre proposé, ce nombre devient dix mille fois plus grand ; chacun de ses deux facteurs égaux devient donc cent fois plus grand; sa racine carrée, qui est l'un de ces facteurs, est donc multipliée par cent, racine carrée de dix mille : il faut donc la rendre ce même nombre de fois plus petite, ce qui se fait en séparant sur la droite, par le point décimal, deux chiffres décimaux, c'est-à-dire moitié autant qu'on aura écrit de zéros à la suite du nombre proposé. On peut donc ainsi extraire la racine carrée d'un nombre à moins d'un dixième, d'un centième, d'un millième, etc., d'unité près.

226*. Si on voulait obtenir la racine carrée à moins d'un quart d'unité près, on multiplierait le nombre proposé par 16 carré de 4 ; on extrairait la racine carrée de ce produit, et on en prendrait le quart.

De même, pour extraire la racine à moins d'un cinquième d'unité près, on multiplierait le nombre par 25; on extrairait la racine du produit, et on en prendrait le cinquième.

En général, pour extraire la racine carrée à moins d'un $N^{ième}$ d'unité près, on multipliera le nombre proposé par le carré de N, on extraira la racine carrée du produit, et on divisera cette racine par N.

227. *S'il y avait déjà des décimales dans le nombre proposé*, il faudrait rendre le nombre des chiffres décimaux double de ceux que l'on se propose d'avoir à la racine, ce qui se ferait en écrivant à la suite du nombre proposé autant de zéros qu'il serait nécessaire, ce qui ne changerait pas la valeur de ce nombre; on extrairait la racine carrée comme à l'ordinaire, et on séparerait sur la droite, par le point décimal, autant de chiffres décimaux qu'on s'était proposé d'en avoir, c'est-à-dire moitié autant qu'il y en avait dans le nombre préparé.

228. S'il n'y avait que des décimales dans le nombre proposé, il faudrait faire la même préparation et la même opération; c'est par les raisons énoncés (225 et 227).

229. *Pour extraire la racine carrée d'une fraction ordinaire* , il faut extraire en particulier la racine carrée de chacun de ses deux termes.

En effet, la racine carrée et la fraction proposée doit être une fraction telle que, multipliée par elle-même, elle produise la fraction proposée (210), il faut donc que son numérateur soit tel que, multiplié par lui-même, il reproduise celui de la fraction proposée, et qu'il en soit de même de son dénominateur à l'égard de celui de la proposée. Donc, le numérateur de la racine doit être la racine carrée du numérateur de la proposée, et son dénominateur doit être la racine carrée de celui de la fraction proposée.

230. *Si le numérateur seulement de la fraction dont on veut extraire la racine carrée n'était pas un carré parfait;* il faudrait extraire, par approximation, en employant les décimales, la racine carrée du numérateur, et lui donner pour dénominateur la racine carrée du dénominateur primitif.

231. *Si le dénominateur n'était pas un carré parfait,* on ne pourrait pas, en opérant comme précédemment, spécifier en combien de parties l'unité serait divisée dans la fraction racine de la proposée, parce que son dénominateur ne serait pas rationnel. Pour obvier à cet inconvénient, on multiplie les deux termes de la fraction proposée par son dénominateur, ce qui n'en change pas la valeur et rend ce dénominateur un carré parfait; on extrait ensuite, par approximation, la racine carrée du numérateur de cette nouvelle fraction, et on lui donne pour dénominateur la racine carrée du nouveau dénominateur, c'est-à-dire le dénominateur primitif.

232. S'il y avait un nombre entier joint à la fraction, il faudrait le réduire en fraction de même espèce que celle qui l'accompagne, et opérer comme il vient d'être dit.

233. On pourrait encore s'y prendre de cette manière pour extraire la racine carrée d'une fraction, ou d'un nombre entier joint à une fraction :

Réduire la fraction en décimales en poussant l'approximation jusqu'à deux fois autant de chiffres décimaux que l'on se propose d'en avoir à la racine ; extraire ensuite la racine carrée comme pour les nombres entiers, et séparer, par le point décimal, sur la droite de la racine, moitié autant de chiffres décimaux qu'il y en avait dans la valeur de la fraction.

En effet, puisqu'un produit doit avoir autant de chiffres décimaux qu'il y en a dans ses deux facteurs (54), le carré, dont les deux facteurs sont égaux, doit donc en avoir le double de l'un d'eux, mais l'un d'eux est la racine. Donc, la racine doit avoir moitié autant de chiffres décimaux qu'il y en a dans le carré, c'est-à-dire dans l'expression de la fraction.

234. Lorsqu'au lieu d'extraire la racine carrée d'un nombre on ne veut que l'*indiquer*, on se sert du disigne $\sqrt{\ }$ appelé *radical*. Le même signe sert aussi à indiquer une racine d'un degré supérieur à la racine carrée; mais alors on met entre les branches du radical un nombre qui indique le degré de la racine qu'il faut extraire. $\sqrt{16}$ indique qu'il faut extraire la racine carrée de 16; $\sqrt[3]{12}$ indique qu'il faut extraire la racine cubique de 12; $\sqrt[n]{a}$ indique que l'on doit extraire la racine $n^{ième}$ de a.

DES CUBES.

235. Le *cube*, ou la *troisième puissance* d'un nombre est le produit de ce nombre par son carré. Ainsi le cube, ou la troisième puissance de 4, est 64, parce que 4 multiplié par son carré 16, donne 64.

236. La *racine cubique* ou *troisième d'un nombre*, est un nombre qui, multiplié par son carré, reproduirait le nombre proposé.

Ainsi, la racine cubique de 64 est 4, parce que 4 multiplié par son carré, donne 64 qui est le nombre proposé.

237. Il en est des racines cubiques comme des racines carrées, c'est-à-dire que tout nombre entier qui n'a pas de *racine cubique* exacte en nombre entier, ne saurait non plus en avoir une exacte en nombre fractionnaire, ni en fraction. Ceci se démontre comme aux numéros 213 et 214. D'après cela, la racine cubique d'un nombre qui n'est pas un cube parfait s'appelle *nombre irrationnel, ou incommensurable*.

238. Le cube de 1 est 1, celui de 2 est 8, celui de 3 est 27, celui de 4 est 64, celui de 5 est 125, celui de 6 est 216, celui de 7 est 343, celui de 8 est 512, celui de 9 est 729.

Le plus petit nombre exprimé par deux chiffres est 10, dont le cube 1000 renferme quatre chiffres. Mais le cube de 99, qui est le plus grand nombre à deux chiffres, est 970299, et renferme, comme on voit, six chiffres.

Donc, 1° *tout nombre exprimé par un seul chiffre en aura au plus trois à son cube;*

2° *Tout nombre composé de deux chiffres, en aura au moins quatre, et au plus six à son cube.*

239. Il résulte de là que,

1°. *Tout nombre exprimé par trois chiffres, n'en aura qu'un seul à sa racine cubique.* Car si cette racine avait plus d'un chiffre, son cube, qui est le nombre proposé, renfermerait au moins quatre chiffres (238), ce qui est contre la supposition.

2° *Tout nombre composé de plus de trois chiffres, et de moins de sept, n'aura jamais que deux chiffres, mais aura toujours deux chiffres à sa racine cubique.* Car, si cette racine n'avait qu'un chiffre, son cube, qui est le nombre proposé, n'aurait au plus que trois chiffres (238), ce qui serait contre la supposition. Si cette racine avait plus de deux chiffres, le nombre proposé en aurait au moins sept, puisque le cube de 100 est 1000000; ce qui serait encore contre la supposition. Ainsi, tout nombre composé de plus de trois chiffres, ne pouvant en avoir ni moins ni plus de deux à sa racine, cette racine en aura toujours deux.

240. *Le cube d'un nombre qui renferme des dixaines et des unités, est composé de quatre parties, savoir :*

du cube des dixaines,

de 3 fois le carré des dixaines multiplié par les unités,

de 3 fois les dixaines multipliées par le carré des unités, et enfin du cube des unités.

Pour le prouver, observons que le carré d'un nombre qui contient des dixaines et des unités, est composé

du carré des dixaines,

du double des dixaines multiplié par les unités,

et du carré des unités.

Mais puisque le cube d'un nombre résulte du produit de ce nombre par son carré (235), on obtiendra le cube de ce nombre en multipliant chacune des parties de son carré par les dixaines, et ensuite par les unités (53); or,

Le carré des dixaines étant multiplié par les dixaines donnera le cube des dixaines;

Deux fois le produit des dixaines par les unités, étant multiplié par les dixaines, donnera deux fois le produit du carré des dixaines par les unités ;

Le carré des unités étant multiplié par les dixaines, donnera une fois le produit du carré des unités par les dixaines ou, ce qui revient au même (53), une fois le produit des dixaines par le carré des unités.

Les trois parties du carré ayant ainsi été multipliées par les dixaines, il ne reste plus qu'à les multiplier par les unités.

Or, le carré des dixaines étant multiplié par les unités, donnera Une fois le produit du carré des dixaines par les unités ;

Deux fois le produit des dixaines par les unités, étant multiplié par les unités, donnera

Deux fois le produit des dixaines par le carré des unités ;

Enfin, le carré des unités étant multiplié par les unités donnera Le cube des unités.

Donc, en rassemblant ces six résultats, et réunissant ceux qui sont semblables, on voit que le cube d'un nombre qui renferme des dixaines et des unités est composé des quatre parties que nous avons énoncées plus haut.

241. On démontrerait de même que *le cube d'un nombre composé de deux parties renferme*

Le cube de la première partie,

Trois fois le carré de la première partie multiplié par la seconde,

Trois fois la première partie multipliée par le carré de la seconde,

Et le cube de la seconde partie.

242. D'après cela, si l'on considérait le nombre 11, par exemple, comme composé de 9+2, son cube renfermerait :

Le cube de 9 qui est............................. 729
Plus, 3 fois 81 carré de 9, multiplié par 2, qui égale... 486
Plus, 3 fois 9, multiplié par 4 carré de 2............. 108
Plus, le cube de 2, qui est......................... 8

Somme ou cube de 9+2..... 1331

Si au lieu d'avoir considéré 11 comme composé de 9+2, on le considérait comme composé de 10+1, les parties du cube seraient

Le cube de 10 qui est............................. 1000
Plus, 3 fois 100 carré de 10, multiplié par 1......... 300
Plus, 3 fois 10 multiplié par le carré de 1 qui est 1..... 30
Plus, le cube de 1, qui est......................... 1

Somme ou cube de 10+1   1331

243. On voit, d'après ce dernier exemple, ou même généralement, que toutes les fois que l'on augmente un nombre d'une unité, son cube augmente :

De 3 *fois le carré de ce nombre,*

Plus, 3 *fois ce nombre,*

Plus, un.

244. En général, si on augmentait un nombre P de N unités, son cube augmenterait :

De *trois fois le carré de ce nombre* P *multiplié par* N ;

Plus, trois fois ce nombre P *multiplié par le carré de* N ;

Plus, *du cube de* N.

245. Voyons de faire découler de la formation du cube, le procédé pour extraire la racine cubique d'un nombre entier quelconque.

Soit proposé d'abord d'extraire la racine cubique d'un nombre qui renferme plus de trois chiffres et moins de sept.

Puisque ce nombre renferme plus de trois chiffres, il aura à sa racine des dixaines et des unités (239) : il sera donc composé de quatre parties (240); savoir : du cube des dixaines, de trois fois le carré des dixaines multiplié par les unités, de trois fois les dixaines multipliées par le carré des unités, et du cube des unités. Cherchons les dixaines de la racine; or, le cube de ces dixaines étant des mille, ne peut faire partie des trois premiers chiffres de la droite du nombre proposé; séparons-les par une virgule; extrayons ensuite la racine cubique de la partie qui est à gauche; écrivons cette racine à côté, élevons-là au cube, et retranchons ce cube de la partie qui a été employée; à côté du reste, abaissons les trois chiffres de la droite du nombre proposé.

Puisque de ce dernier nombre nous avons ôté le cube des dixaines, ce qui reste ne renferme plus que les trois dernières parties du cube; savoir : trois fois le carré des dixaines multiplié par les unités; trois fois les dixaines multipliées par le carré des unités et le cube des unités. Or, de ces trois parties, la première suffit pour faire trouver les unités de la racine; car puisqu'elle est composée de trois fois le carré des dixaines multiplié par les unités, si nous la divisons par trois fois le carré des dixaines trouvées, qui est un de ses facteurs, nous aurons au quotient les unités, qui est l'autre facteur (94).

Il ne s'agit plus maintenant que de savoir dans quelle partie du reste est compris trois fois le carré des dixaines multiplié par les unités ; or, le carré des dixaines étant des centaines, trois fois le carré des dixaines multiplié par les unités est encore des centaines, et ne peut dès-lors faire partie des deux premiers chiffres de la droite ; ainsi nous les séparerons par une virgule, et divisant la partie à gauche par trois fois le carré des dixaines, le quotient donnera les unités de la racine.

246. Pour vérifier cette racine, retranchons son cube du nombre proposé, s'il ne reste rien, la racine trouvée sera la racine exacte du nombre proposé ; s'il y a un reste, la racine sera celle du plus grand cube contenu dans le nombre proposé, pourvu toutefois que ce reste ne soit pas plus fort d'une unité que le triple du carré de la racine, plus le triple de cette racine (243), inconvénient auquel on n'est jamais sujet lorsqu'on écrit au quotient le plus grand nombre de fois que le dividende partiel contient le diviseur.

Mais si le cube de la racine trouvée était plus grand que le nombre proposé, on retrancherait alors de cette racine autant d'unités qu'il serait nécessaire pour que la soustraction pût s'effectuer. On est sujet à trouver pour les unités un chiffre trop fort à la racine lorsque ce même chiffre doit être un peu fort, et que le nombre des dixaines de la racine est petit. En effet, le chiffre des unités de la racine devant être fort, son cube contiendra nécessairement des centaines, lesquelles font partie de ce qui reste à gauche après la séparation des deux chiffres de la droite. De même, le triple de la racine trouvée, multiplié par le carré de ces mêmes unités, donnera, dans la même circonstance, des centaines au produit. Ainsi la partie à gauche étant, dans le cas dont il est question, plus grande que le triple carré de la racine trouvée, multiplié par les unités, il s'ensuit que, divisée par le triple carré de la racine, elle donnera nécessairement un dernier chiffre trop fort à la racine.

Si au lieu de diminuer la racine successivement d'autant d'unités qu'il serait nécessaire pour l'obtenir, on la diminuait tout d'un coup de plusieurs unités, elle pourrait être trop faible ; mais alors on s'en apercevrait au reste qui serait ou égal à trois fois le carré de la racine, plus trois fois cette racine, plus un, ou supérieur à la somme de ces trois quantités.

En effet, en divisant la première partie de ce reste par trois fois le carré de la racine trouvée, on obtiendrait, au moins, une unité au quotient (243), et la racine serait trop faible de ce quotient.

247. *Passons maintenant à l'extraction de la racine cubique d'un nombre exprimé par plus de six chiffres.*

Ce nombre renfermant plus de trois chiffres, aura à sa racine des dixaines et des unités (239). Il est donc composé de quatre parties, savoir : du cube des dixaines de la racine, du triple carré des dixaines multiplié par les unités, du triple des dixaines multipliées par le carré des unités, et du cube des unités. Or le cube des dixaines étant de mille, ne peut faire partie des trois premiers chiffres de la droite du nombre proposé, voilà pourquoi je les sépare par une virgule; mais comme la partie qui reste à gauche renferme elle-même plus de trois chiffres, elle aura à sa racine des dixaines et des unités, c'est-à-dire des centaines et des dixaines. Mais le cube des centaines étant des millions, ne peut faire partie des trois chiffres qui précèdent ceux déjà séparés; voilà pourquoi je sépare ceux-là par une virgule. Si la partie qui reste à gauche renfermait plus de trois chiffres, elle aurait elle-même à sa racine des dixaines et des unités, c'est-à-dire des mille et des centaines; mais le cube des mille ne pouvant faire partie des neuf premiers chiffres de la droite, nous séparons par une virgule les trois qui précèdent les six déjà séparés. En continuant le même raisonnement, on voit qu'il *faut partager le nombre proposé en tranches de trois chiffres chacune, en allant de droite à gauche.*

Alors la tranche la plus à gauche pourrait renfermer moins de trois chiffres.

J'extrais la racine cubique de la tranche qui est la plus à gauche, j'écris cette racine à côté du nombre proposé, j'élève cette racine au cube, et je retranche ce cube de la partie que j'ai employée, j'écris le reste au-dessous; à côté de ce reste j'abaisse la tranche suivante, je sépare les deux premiers chiffres de la droite de celle-ci, et je divise la partie à gauche par le triple carré des dixaines trouvées ; j'écris le quotient à la droite du premier chiffre de la racine; je cube le tout, je retranche ce cube de la partie que j'ai employée, et j'écris le reste au-dessous. Pour avoir le troisième chiffre de la racine, je considère ceux déjà trouvés comme exprimant un seul nombre de dixaines, et je raisonne et j'opère pour trouver le troisième, connaissant les deux premiers, de la même manière que je l'ai fait pour trouver le second, connaissant le premier.

S'il devait y avoir un quatrième chiffre à la racine, je considérerais les trois chiffres déjà obtenus comme exprimant les dixaines de la racine, et je raisonnerais et j'opérerais pour trouver le quatrième, connaissant les trois premiers, comme je l'ai fait pour trouver le troisième, connaissant les deux premiers. Enfin je continuerais les mêmes raisonnements et les mêmes opérations tant qu'il devrait y avoir de nouveaux chiffres à la racine.

247 *. Lorsque l'on a trouvé plus de la moitié des chiffres de la racine, on obtiendra aisément tous les autres par la division. Pour cet effet, on abaissera à la suite du reste tous les autres chiffres du nombre proposé; on en séparera sur la droite les deux tiers, et on divisera la partie à gauche par trois fois le carré de la racine déjà trouvée; le quotient donnera les nouveaux chiffres de la racine. Ceci est fondé sur ce qu'en divisant trois fois le carré de la première partie de la racine, multiplié par la seconde, par le carré de la première partie, on aura au quotient la seconde partie.

248. *Pour trouver la racine cubique approchée, par le moyen des décimales, d'un nombre qui n'est pas un cube parfait,* il faut écrire à la suite de ce nombre trois fois autant de zéros qu'on veut avoir de décimales à la racine, extraire la racine cubique comme à l'ordinaire, et séparer, par le point décimal, sur la droite de cette racine, le tiers autant de chiffres décimaux qu'on à écrit de zéros à la droite du nombre proposé.

En effet, un produit devant avoir autant de décimales qu'il y en a dans tous ses facteurs (54), le cube, dont les trois facteurs sont égaux, doit donc en avoir le triple de l'un d'eux; mais l'un d'eux est la racine : il faut donc séparer sur la droite de la racine le tiers autant de chiffres décimaux qu'en a le nombre en question, c'est-à-dire le tiers autant qu'on a écrit de zéros à la suite de ce nombre. On peut donc ainsi obtenir la racine cubique d'un nombre, à moins d'un dixième, d'un centième, d'un millième, etc. d'unité près.

249. *S'il y avait déjà des décimales à la suite du nombre proposé,* il faudrait écrire à la droite de ce nombre autant de zéros qu'il serait nécessaire pour que le nombre des chiffres décimaux fut triple de celui qu'on se propose d'avoir a la racine, et faire l'opération comme précédemment; car, il est clair que cette préparation n'a rien changé à la valeur du nombre proposé.

250. *S'il n'y avait que des décimales dans le nombre proposé,* le procédé serait encore le même.

251. *Pour élever une fraction ordinaire au cube,* il faut élever en

particulier son numérateur et son dénominateur au cube. Car pour élever un nombre au cube, il faut le multiplier par son carré ; or multiplier une fraction par son carré, revient à élever chacun de ses deux termes au cube.

252. *Pour extraire la racine cubique d'une fraction ordinaire*, il faut extraire séparément la racine cubique de chacun de ses deux termes.

En effet la racine cubique de la fraction proposée doit être telle, que multipliée par son carré, elle reproduise cette fraction (236) ; il faut donc que le numérateur de la fraction racine de la proposée, multiplié par son carré, donne le numérateur de la fraction proposée, et que le dénominateur de la racine, multiplié par le carré de ce même dénominateur, donne celui de la fraction proposée. Donc, le numérateur de la racine doit être la racine cubique de celui de la fraction proposée, et son dénominateur doit être celle du dénominateur de cette fraction.

253. *Si le numérateur seulement n'était pas un cube parfait*, on extrairait de ce numérateur une racine approchée au moyen des décimales, et on lui donnerait, pour dénominateur, la racine cubique du dénominateur primitif.

254. *Si le dénominateur n'était pas un cube parfait*, on multiplierait les deux termes de la fraction par le carré de son dénominateur, ce qui n'en changerait pas la valeur, et rendrait ce dénominateur un cube parfait ; il faudrait ensuite extraire du numérateur de cette nouvelle fraction une racine approchée à l'aide des décimales, et lui donner pour dénominateur la racine cubique du dénominateur de cette nouvelle fraction, qui n'est autre chose que le dénominateur primitif.

Si le dénominateur de la fraction proposée était déjà un carré, il suffirait de multiplier les deux termes de cette fraction par la racine carrée du dénominateur, et on opérerait ensuite comme il vient d'être dit.

255. *S'il y avait des unités entières jointes à la fraction proposée*, il faudrait les réduire en fraction de même espèce que celle qui les accompagne, et opérer comme il vient d'être dit dans le n° précédent.

256. On peut encore se servir de la méthode suivante pour extraire la racine cubique d'une fraction, ou d'un nombre entier joint à une fraction :

Réduire la fraction en décimales en poussant l'approximation jusqu'à trois fois autant de chiffres décimaux que l'on se propose d'en avoir à la racine ; extraire la racine cubique comme si c'était un nombre entier, et séparer sur la droite de cette racine, par le point décimal, autant de chiffres décimaux qu'on s'était proposé d'en avoir, c'est-à-dire le tiers autant qu'il y en avait dans l'expression de la fraction.

La raison donnée (248) s'applique ici mot-à-mot.

257. *Si on voulait obtenir la racine cubique d'un nombre à moins d'un quart d'unité près*, on multiplierait ce nombre par le cube de 4, qui est 64, et après avoir trouvé la racine cubique de ce produit, on en prendrait le quart.

De même, pour avoir la racine à moins d'un cinquième d'unité près, il faudrait multiplier le nombre par le cube de 5, qui est 125, extraire la racine cubique du produit, et prendre le cinquième de cette racine.

En général, pour extraire une racine cubique à moins d'un $N^{ième}$ *d'unité près*, il faudrait multiplier le nombre proposé par le cube de N ; extraire la racine cubique du produit, puis la diviser par N.

DES RAPPORTS.

258. On désigne, en mathématiques, par le mot de *rapport* le résultat de la comparaison de deux quantités.

259. On distingue deux sortes de rapports : le *rapport arithmétique, ou par différence* ; et le *rapport géométrique, ou mieux par quotient*.

260. Un rapport est exprimé par deux nombres qui prennent le nom commun de *termes* du rapport.

261 Le premier de ces deux termes s'appèle *l'antécédent*, et le second le *conséquent* du rapport.

Du rapport arithmétique, ou par différence.

262. Le *rapport arithmétique*, ou *par différence*, consiste dans la différence qui existe entre deux nombres. En sorte que, *pour trouver ce rapport, on retranche le plus petit nombre du plus grand*.

263. Donc *le conséquent d'un rapport par différence est égal à l'antécédent, plus ou moins le rapport, suivant que l'antécédent est plus petit ou plus grand que le conséquent*.

264. *On peut ajouter un même nombre à chacun des termes d'un rapport par différence, ou en retrancher un même nombre, sans*

altérer le rapport; car il est clair que la différence, qui n'est autre chose que le rapport, sera toujours la même.

265. Pour exprimer le rapport par différence qui existe entre deux nombres, on interpose un point entre ces deux nombres. Ainsi, 2.5 exprime le rapport par différence de 2 à 5. On l'énonce de cette manière : 2 *est à* 5; le point signifie comme on voit *est à*. Le nombre 2 est *l'antécédent* du rapport, et le nombre 5 en est *le conséquent.*

Du rapport géométrique, ou par quotient.

266. On interpose deux points, l'un au-dessous de l'autre pour indiquer le rapport par quotient entre deux nombres. Ainsi, le rapport par quotient de 2 à 5 s'écrit 2 : 5, et on l'énonce en disant 2 *est à* 5.

A l'avenir, lorsque nous emploierons le mot *rapport*, sans indiquer si c'est du rapport par différence, ou par quotient dont il sera question, ce sera toujours de ce dernier rapport dont nous entendrons parler.

267. *Pour trouver le rapport par quotient entre deux nombres* on divise l'un de ces deux nombres par l'autre. Ce sera toujours l'antécédent que nous diviserons par le conséquent, à moins que nous n'avertissions du contraire. D'après cela, *le rapport par quotient ne sera autre chose qu'une fraction qui aura pour numérateur l'antécédent et pour dénominateur le conséquent.* Ainsi le rapport par quotient de 2 à 5, sera $\frac{2}{5}$.

268. Il résulte de là que, *si l'on multipliait l'antécédent d'un rapport par un nombre entier quelconque, le rapport deviendrait ce même nombre de fois plus grand,* puisque ce serait multiplier par ce même nombre, le numérateur de la fraction qui exprime le rapport. Or, cette fraction deviendrait ce même nombre de fois plus grande (120). Donc le rapport, qui est représenté par la fraction, deviendrait aussi ce même nombre de fois plus grand.

269. *Si l'on multipliait le conséquent d'un rapport par un nombre entier quelconque, le rapport deviendrait ce même nombre de fois plus petit.* Et en effet ce serait multiplier par ce nombre, le dénominateur de la fraction qui exprime le rapport, ce qui la rendrait ce même nombre de fois plus petite (120).

270. *Si l'on divisait l'antécédent d'un rapport par un nombre entier quelconque, le rapport deviendrait ce même nombre de fois plus petit;* car ce serait diviser par ce nombre le numérateur de la fraction qui exprime le rapport.

271. Il résulte de ce principe, et de celui du n° 269, que *l'on peut diviser de deux manières un rapport par un nombre entier quelconque; savoir: en multipliant le conséquent par ce nombre, ou en divisant l'antécédent par ce même nombre, lorsque cela est possible.*

272. *Si l'on divisait le conséquent d'un rapport par un nombre entier quelconque, le rapport deviendrait ce même nombre de fois plus grand;* car, ce serait diviser par ce nombre le dénominateur de la fraction qui exprime le rapport.

273. Il résulte de ce principe, et de celui du n° 268, que *l'on peut multiplier de deux manières un rapport par un nombre entier quelconque; savoir : en multipliant son antécédent par ce nombre, ou en divisant son conséquent par ce même nombre, lorsque cela est possible.*

274. *On peut multiplier ou diviser les deux termes d'un rapport chacun par un même nombre, sans altérer le rapport.* Car c'est multiplier ou diviser les deux termes de la fraction qui exprime le rapport chacun par un même nombre, ce qui ne change pas la valeur de cette fraction (125).

275. *Si on élevait au carré ou, au cube, les deux termes d'un rapport, le rapport serait élevé au carré, ou au cube,* puisque ce serait élever à l'une ou à l'autre de ces deux puissances, les deux termes de la fraction, et par conséquent la fraction qui exprime le rapport.

Lorsque l'on extrait de chacun des termes d'un rapport par quotient, une racine carrée, ou cubique, le nouveau rapport est la racine carrée ou cubique du rapport primitif, puisque c'est extraire une racine carrée, ou cubique, de la fraction qui exprime le rapport.

276. *Pour simplifier le rapport entre deux fractions, c'est-à-dire, pour trouver deux nombres entiers qui aient le même rapport par quotient que deux fractions proposées, il faut réduire ces fractions au même dénominateur, et supprimer le dénominateur commun.*

Car, en réduisant les fractions au même dénominateur, on ne change point leur valeur (128); et en supprimant ensuite le dénominateur commun, on multiplie les deux termes du rapport par un même nombre, ce qui n'en change pas la valeur (274).

S'il y avait un nombre entier joint à chaque fraction, on réduirait chacun d'eux en fraction de même espèce que celle qui l'accompagne, et on procéderait comme nous venons de l'indiquer.

Si les nombres étaient complexes, ou l'un d'eux seulement, on les réduirait tous deux en unités de l'espèce la plus petite qui se trouve dans celui qui renferme le plus grand nombre de subdivisions de l'unité principale, et on aurait ainsi deux nombres entiers qui auraient le même rapport par quotient que les deux nombres proposés.

Par exemple, sachant que la longueur de la toise est de 6 pieds, et celle du mètre de 3 pieds 11 lignes et $\dfrac{296}{1000}$ de ligne seulement, si on demandait le rapport de la toise au mètre, on réduirait 6 pieds en millièmes de ligne, ce qui donnerait 864000 millièmes de ligne. Réduisant aussi 3^{pi} 0^{po} 11$_l$. 296 en millièmes de ligne, on trouvera 443296 millièmes de ligne. En sorte que le rapport de la toise au mètre est le même que celui des nombres 864000 et 443296, ou en divisant les deux termes de ce rapport par 32, qui est leur plus grand diviseur commun, on aura le rapport de 27000 à 13853.

D'après cela, pour convertir un certain nombre de toises en mètres, il suffit de multiplier ce nombre par 27000 et de diviser le produit par 13853.

Pour convertir, au contraire, un certain nombre de mètres en toises, on multipliera ce nombre par 13853, et on divisera le produit par 27000.

Il serait tout aussi aisé de trouver le rapport qui existe entre deux autres mesures ancienne et nouvelle, soit de superficie, soit de capacité, ou encore entre deux poids.

DES PROPORTIONS.

277. On dit que *quatre quantités sont en proportion* lorsque le rapport des deux premières est le même que celui des deux dernières, et qu'il est pris dans le même ordre.

278. Ainsi, *ce qui constitue la proportion, c'est l'égalité des deux rapports.*

279. Il y a donc quatre termes dans une proportion : le premier et le troisième termes sont les *antécédents* de la proportion ; le premier terme est l'*antécédent* du premier rapport ; le troisième terme est l'*antécédent* du second rapport.

Le second et le quatrième termes sont les *conséquents* de la proportion ; le second terme est le *conséquent* du premier rapport, et le quatrième terme est le *conséquent* du second rapport.

Le premier et le dernier termes s'appellent, d'un nom commun, les *extrêmes* de la proportion.

Le second et le troisième termes en sont les *moyens*.

De la proportion arithmétique, ou de l'équi-différence.

280. Pour écrire que quatre nombres sont en *proportion arithmétique*, ou mieux sont *équi - différents*, on sépare les deux termes de chaque rapport par un point qui signifie *est à*, et les deux rapports par deux points que l'on prononce *comme*.

Ainsi 3.5 : 7.9, est une équi-différence qu'on énonce de cette manière : 3 *est à* 5 arithmétiquement, comme 7 *est à* 9. Ce qui signifie que la différence de 3 à 5, est la même que celle de 7 à 9 ; et qu'elle est prise dans le même ordre.

281. *On peut rendre les antécédents égaux à leurs conséquents dans une équi-différence*, et cela en ajoutant à chaque antécédent, ou en retranchant de chaque antécédent le rapport qui règne dans l'équi-différence, selon que chaque antécédent est plus petit ou plus grand que son conséquent ; car c'est ajouter à chaque antécédent, ou c'est en retrancher ce dont il est plus petit ou plus grand que son conséquent.

282. Quand on a rendu ainsi chaque antécédent égal à son conséquent, on a une équi-différence dans laquelle les deux premiers termes étant égaux entre eux, et les deux derniers égaux aussi entre eux, la somme des extrêmes est évidemment égale à celle des moyens, puisqu'elles sont formées de l'addition de deux nombres respectivement égaux. Mais pour qu'il en ait été ainsi, nous avons ajouté à chaque antécédent, ou nous en avons retranché un même nombre qui est le rapport (281) ; or, il y a un antécédent dans la somme des extrêmes ; il y en a un dans celle des moyens, ces deux sommes deviennent égales après qu'on y a ajouté le rapport, ou qu'il en a été retranché. Donc elles étaient égales auparavant.

Donc *dans toute équi-différence, la somme des termes extrêmes est égale à celle des moyens.* C'est en ceci que consiste la *propriété fondamentale de toute équi-différence.*

283. Il est aisé de voir *qu'il n'y a que quatre nombres équi-différents, qui aient la propriété d'avoir la somme des extrêmes, égale à celle des moyens.*

Pour le démontrer, supposons quatre nombres qui ne soient pas équi-différents. Nous ne pouvons rendre chaque antécédent égal à son conséquent, qu'autant que nous lui ajouterons, ou que nous en retrancherons le rapport qu'il a avec son conséquent, c'est-à-dire qu'autant que nous ajouterons aux antécédents, ou que nous en retrancherons des nombres différents, puisque les quatre nombres proposés ne sont pas équi-différents ; or, après cette opération, la somme des extrêmes et celle des moyens sont égales : elles ne l'étaient donc pas auparavant.

Donc, *la propriété d'avoir la somme des extrêmes égale à celle des moyens, est exclusive à quatre nombres équi-différents.*

284. Puisqu'il n'y a que quatre nombres équi-différents qui jouissent de la propriété d'avoir la somme des extrêmes égale à celle des moyens, il s'ensuit qu'on peut dans une équi-différence,

1° Changer les moyens de place ;

2° Changer les extrêmes de place ;

3° Mettre les extrêmes à la place des moyens, et les moyens à la place des extrêmes.

Il est évident que, dans tous ces cas, il y aura équi-différence ; car la somme des extrêmes sera toujours égale à celle des moyens.

285. *Pour trouver le quatrième terme d'une équi-différence, lorsque les trois premiers termes sont connus, il faut faire une somme des moyens, et en retrancher l'extrême connu, on obtient pour reste le quatrième terme.* En effet, si l'on connaissait la somme des extrêmes, il est évident qu'en retranchant de cette somme l'extrême connu, on aurait pour reste l'autre extrême; mais la somme des moyens est égale à celle des extrêmes (282); donc en retranchant de la somme des moyens l'extrême connu, on obtient pour reste l'autre extrême.

D'après cela, *si on voulait obtenir l'un des moyens, il est évident qu'il faudrait faire une somme des extrêmes, et en retrancher le moyen connu.*

286. Une équi-différence dans laquelle les deux termes moyens sont égaux, est dite *continue.*

287. Pour écrire, par abréviation, une équi-différence continue, on dispose une barre horizontalement, au-dessus et au-dessous de laquelle on met un point. On écrit ensuite le premier terme de l'équi-différence, puis l'un des moyens seulement, et enfin, le dernier terme, en séparant par un point le second terme de chacun des deux autres. Les deux points et la barre mis en tête de l'équi-différence continue, indiquent que le terme moyen doit être répété, et que l'on doit faire précéder cette répétition du mot *comme*. Ainsi $\div$3. 5. 7 signifie que 3 *est à* 5 arithmétiquement, *comme* 5 *est à* 7.

288. Nous avons vu que dans toute équi-différence, la somme des termes extrêmes égale celle des moyens (282); mais dans l'équi-différence continue, les deux moyens sont égaux, leur somme est donc le double de l'un d'eux; *donc dans toute équi-différence continue, le double du terme moyen est égal à la somme des extrêmes.*

289. *D'après cela, pour trouver le milieu, ou un moyen arithmétique entre deux nombres, il faut faire une somme de ces deux nombres et en prendre la moitié.*

Car le moyen cherché doit former les moyens d'une équi-différence continue, dans laquelle les deux nombres proposés formeraient les extrêmes. Or, puisque dans toute équi-différence continue, le double du terme moyen égale la somme des extrêmes (288), il s'ensuit que ce terme moyen lui-même égale la moitié de la somme des extrêmes.

De la proportion géométrique, ou par quotient

290. Pour marquer ou pour écrire que quatre quantités sont en *proportion géométrique*, ou mieux *par quotient*, on sépare les deux termes de chaque rapport par deux points, et les deux rapports par quatre points. Ainsi 3 : 4 :: 6 : 8 est une proportion géométrique, ou par quotient; on l'énonce de cette manière : 3 *est à* 4, *comme* 6 *est à* 8; ce qui signifie que le rapport $\frac{3}{4}$ de 3 à 4, est le même que le rapport $\frac{6}{8}$ de 6 à 8.

291. On écrit une proportion par quotient, lorsqu'elle est continue, en interposant deux points entre les termes consécutifs

et en plaçant, en tête de la proportion, une barre horisontale au-dessus et au-dessous de laquelle on met deux points. Cette barre et les quatre points sont destinés à indiquer que l'on doit répéter le terme moyen, en faisant précéder le terme répété du mot, *comme*. $\div$ 3 : 6 : 12 est une *proportion continue par quotient*, et s'énonce ainsi : 3 *est à* 6, *comme* 6 *est à* 12.

292. *On peut rendre les conséquents égaux à leurs antécédents, dans une proportion par quotient, en multipliant chaque conséquent par le rapport;* car, dans toute division, le produit du diviseur par le quotient égale le dividende (95).

293. Soit généralement la proportion par quotient A : B : : C : D, dont R, par exemple, est le rapport.

Puisque chaque antécédent est égal à son conséquent multiplié par le rapport (292), nous aurons

$$A = B \times R$$
$$C = D \times R,$$

valeurs qui, substituées en place de A et C dans la proportion proposée, donnent.

$$B \times R : B : : D \times R : D.$$

Or, le produit des extrêmes étant formé, comme celui des moyens, des trois facteurs B, R, D, il en résulte que ces deux produits sont égaux (57).

Ainsi, *dans toute proportion géométrique, ou par quotient, le produit des extrêmes est égal à celui des moyens.* C'est *la propriété fondamentale de cette proportion.*

294. Il est aisé de voir, d'après cela, que *il n'y a que quatre termes en proportion par quotient, qui jouissent de la propriété d'avoir le produit des extrêmes égal à celui des moyens.*

En effet, s'il n'y avait pas proportion entre les quatre termes, le rapport R des deux premiers serait différent du rapport R′ des deux derniers, et, dès-lors, le produit $B \times R \times D$ des extrêmes serait différent du produit $B \times D \times R'$ des moyens.

On peut démontrer ceci tout aussi rigoureusement par le simple raisonnement.

A cet effet, supposons quatre nombres qui ne soient pas en proportion par quotient. En multipliant chaque conséquent par le rapport de l'antécédent à son conséquent, on rendra chaque conséquent égal à son antécédent (292), et alors le produit des extrêmes étant formé identiquement des deux mêmes facteurs que le produit des moyens, ces deux produits seront évidemment égaux.

D'où nous nous conclurons qu'ils ne l'étaient pas auparavant, puisqu'on a multiplié un facteur moyen et un facteur extrême par des nombres différents, qui sont les deux rapports inégaux qui existent entre les quatre nombres proposés.

Donc, en effet, la propriété d'avoir le produit des extrêmes, égal à celui des moyens, *est exclusive* à quatre nombres en proportion par quotient.

295. D'après cela, on peut, sans troubler une proportion par quotient :

1° Changer les moyens de place ;

2° Changer les extrêmes de place ;

3° Mettre les extrêmes à la place des moyens, et les moyens à la place des extrêmes ;

4° Multiplier ou diviser les quatre termes par un même nombre, ou les deux premiers termes, ou les deux derniers termes, ou les deux antécédents, ou les deux conséquents ;

5° Multiplier l'un des extrêmes par un nombre quelconque, et diviser en même temps l'autre extrême par le même nombre ;

6° Multiplier l'un des moyens par un nombre quelconque, et diviser en même temps l'autre moyen par le même nombre.

Il est évident que, dans chacun de ces cas, il y aura proportion, car le produit des extrêmes sera toujours égal à celui des moyens (294).

296. Si, dans une proportion, nous changeons les moyens de place, et que nous rapportions la nouvelle proportion à la primitive, nous aurons : *le premier terme est au troisième, comme le second est au quatrième.*

297. *Pour trouver le quatrième terme d'une proportion par quotient, dont les trois premiers termes sont connus, il faut faire un produit du second et du troisième termes, et diviser ce produit par le premier terme.*

En effet, si l'on connaissait le produit des extrêmes, il est évident qu'en divisant ce produit par l'extrême connu on aurait au quotient l'autre extrême (94); mais dans toute proportion par quotient, le produit des moyens est égal à celui des extrêmes (293). Donc, en divisant le produit des moyens par l'extrême connu, on aura au quotient l'autre extrême.

Il est tout aussi aisé de voir que, *pour trouver l'un des moyens, il faut diviser le produit des extrêmes par le moyen connu.*

298. Nous avons démontré (293) que dans toute proportion

par quotient le produit des extrêmes est égal à celui des moyens. Mais dans la proportion continue, les deux moyens sont égaux, et dès-lors leur produit est le carré de l'un d'eux ; donc, *dans toute proportion continue par quotient, le carré du terme moyen est égal au produit des extrémes.*

299. Il résulte de là, en prenant les racines carrées, que *le terme moyen est égal à la racine carrée du produit des extrémes.*

Ainsi, *pour trouver un moyen proportionnel géométrique entre deux nombres, il faut faire un produit de ces deux nombres, et en extraire la racine carrée.*

300. *Lorsque deux proportions*, telles, par exemple, que

$$A : B :: C : D$$
$$E : F :: C : D$$

ont un rapport de commun (qui est celui de C à D) *les deux autres rapports sont égaux, et les termes de ceux-ci forment une proportion*

$$A : B :: E : F ;$$

d'où, en changeant les moyens de place,

$$A : E :: B : F.$$

301. Soient maintenant les deux proportions

$$A : B :: C : D$$
$$A : M :: C : N,$$

dans lesquelles les antécédents sont égaux.

Si nous changeons les moyens de place ; nous aurons

$$A : C :: B : D,$$
$$A : C :: M : N ;$$

d'où, à cause du rapport A : C, qui leur commun, on déduit (300)

$$B : D :: M : N,$$

ce qui nous apprend que *lorsque deux proportions ont les anté-cédents respectivement égaux, leurs conséquents sont en proportion.*

Nous insisterons pour qu'on veuille bien se rendre ces deux dernières propositions familières : elles sont extrêmement fécondes dans les applications de l'arithmétique aux autres branches des mathématiques.

302. *Si dans une proportion par quotient, on ajoute à chaque antécédent, son conséquent, il y aura toujours proportion ;* car chaque antécédent contiendra son conséquent une fois de plus qu'auparavant, et alors chaque rapport sera augmenté d'une unité ; or, ces rapports étaient égaux avant ; donc ils le seront encore. Donc il y aura toujours proportion.

3o3. De même, *en ajoutant à chaque conséquent son antécé-dent, il y aura toujours proportion ;* car le rapport de chaque conséquent à son antécédent se trouvera augmenté d'une unité. Or, ces rapports étaient égaux auparavant puisqu'il y avait proportion ; donc, ils le seront encore, et il y aura toujours proportion.

3o4. Il résulte delà que *dans toute proportion, le premier terme est à la somme des deux premiers, comme le troisième terme est à la somme des deux derniers.*

Ou en changeant les moyens de place on a : *le premier terme est au troisième, comme la somme des deux premiers est à la somme des deux derniers.*

Ou encore, puisque le premier terme est au troisième comme le second est au quatrième (296), on a : *le second terme est au quatrième comme la somme des deux premiers est à celle des deux derniers.*

3o5. Puisqu'en ajoutant à chaque antécédent d'une proportion son conséquent il y a toujours proportion (3o2), on a *la somme des deux premiers termes est au second, comme la somme des deux derniers est au quatrième.*

Ou en changeant les moyens de place :

La somme des deux premiers termes est à la somme des deux derniers, comme le second terme est au quatrième.

Ou, puisque le premier terme est au troisième, comme le second est au quatrième (296), on a :

La somme des deux premiers termes est à la somme des deux derniers, comme le premier terme est au troisième.

Et ces proportions sont les mêmes que celles du numéro précédent, à cela près que le second rapport est écrit à la place du premier, et le premier à la place du second.

3o6. Il est aisé de démontrer maintenant que *dans toute proportion par quotient, la somme des antécédents est à la somme des conséquents, comme un antécédent est à son conséquent.*

Car, en changeant les moyens de place, on déduit de cette dernière proportion, la somme des deux premiers termes est à la somme des deux derniers, comme le premier terme est au troisième, comme le second est au quatrième (3o5 ; et rapportant cette nouvelle proportion à la primitive, nous aurons en effet la somme des antécédents est à la somme des conséquents, comme un antécédent est à son conséquent.

307. *Si dans une proportion par quotient on retranche chaque conséquent de son antécédent, ou chaque antécédent de son conséquent, la proportion subsistera toujours.* Car, dans le premier cas, chaque rapport sera diminué d'une unité; et dans le second cas, le rapport de chaque conséquent à son antécédent se trouvera diminué d'une unité.

308. Puisqu'on peut, sans altérer l'exactitude d'une proportion, retrancher chaque conséquent de son antécédent, il en résulte que *le premier terme moins le second, est au second, comme le troisième terme moins le quatrième, est au quatrième.*

Ou en changeant les moyens de place :

Le premier terme moins le deuxième, est au troisième moins le quatrième, comme le second est au quatrième, ou comme le premier est au troisième (296).

De même, puisqu'on peut retrancher chaque antécédent de son conséquent, nous aurons : *le premier terme, est au second moins le premier, comme le troisième terme, est au quatrième moins le troisième.*

Ou, en changeant les moyens de place, et écrivant le second rapport le premier on a :

Le second terme moins le premier, est au quatrième moins le troisième, comme le premier terme est au troisième, ou comme le deuxième est au quatrième (296); or, nous venons de voir que le premier terme moins le second, est au troisième moins le quatrième, comme le second est au quatrième, ou comme le premier est au troisième.

Donc, à cause du rapport commun à ces deux proportions on a (300) :

La différence des deux premiers termes, est la différence des deux derniers, comme le second terme est au quatrième, ou comme le premier est au troisième terme.

309. Si dans une proportion, on change les moyens de place, et qu'on fasse dans celle-ci : la différence des deux premiers termes, est à la différence des deux derniers, comme le second est au quatrième, ou comme le premier est au troisième, on aura, en rapportant cette dernière proportion à la primitive :

La différence des antécédents, est à la différence des conséquents, comme un antécédent est à son conséquent.

310. Nous avons vu (306) que dans toute proportion par quo-

tient, la somme des antécédents, est à la somme des conséquents, comme un antécédent est à son conséquent.

Or, nous venons de voir (309) que la différence des antécédents est à la différence des conséquents, comme un antécédent est à son conséquent.

Donc, à cause du rapport d'un antécédent est à son conséquent, commun aux deux dernières proportions, les autres rapports sont égaux, et on a (300) :

La somme des antécédents est à la somme des conséquents, comme la différence des antécédents est à la différence des conséquents.

311. Si dans cette dernière proportion nous changeons les moyens de place, nous aurons : *la somme des antécédents est à leur différence, comme la somme des conséquents est à leur différence.*

312. *Dans toute suite de rapports égaux telle que* $4:2::6:3$ $::2:1::8:4$, etc., *la somme des antécédents est à la somme des conséquents, comme l'un des antécédents quelconque est à son conséquent.*

En effet, puisque dans cette suite, le rapport de chaque antécédent à son conséquent est le même, les quatre premiers termes forment une proportion de laquelle nous pouvons déduire, d'après le principe du n° 306,

$$4+6:2+3::6:3;$$

Or, $6:3::2:1$;

donc (300)

$$4+6:2+3::2:1.$$

Posant dans cette dernière proportion : la somme des antécédents est à la somme des conséquents, comme un antécédent est à son conséquent, nous aurons,

$$4+6+2:2+3+1::2:1, \text{ ou }::8:4;$$

Faisant dans cette dernière proportion $4+6+2:2+3+1::8:4$; la somme des antécédents est à celle des conséquents, comme un antécédent est à son conséquent, nous aurons

$$4+6+2+8:2+3+1+4::8:4:,$$

ou $::2:1$, ou $::6:3$, ou $::4:2$,

ce qui prouve le principe posé.

313. *On peut, sans altérer l'exactitude d'une proportion par*

quotient, multiplier les deux premiers termes, ou les deux der-
niers, ou les deux antécédents, ou les deux conséquents, ou enfin
les quatre termes par un même nombre, comme nous l'avons vu
n° 295; mais nous aurions pu le déduire des preuves, des changements égaux qu'éprouvent les deux rapports. En effet, en multipliant les deux premiers termes, ou les deux derniers, chacun par
un même nombre, les rapports ne changent pas de valeur (274);
donc il y a toujours proportion (278).

En multipliant les deux antécédents par un même nombre,
c'est multiplier chaque rapport par ce nombre (268); or, ils
étaient égaux auparavant, donc ils le sont encore.

En multipliant les conséquents par un même nombre, on divise chaque rapport par ce nombre (269). Donc, il y a toujours
proportion (278).

En multipliant enfin les quatre termes par un même nombre,
les rapports ne changent pas de valeur (274).

Donc effectivement, etc.

314. Il est aisé de démontrer d'une manière semblable que
l'on peut, sans altérer l'exactitude d'une proportion par quo-
tient, diviser les deux premiers termes, ou les deux derniers, ou
les antécédents, ou les conséquents, ou enfin les quatre termes
par un même nombre. En effet, si l'on divise les deux premiers
termes, ou les deux derniers, chacun par un même nombre, les
rapports ne changeront pas de valeur (274); or, ils étaient égaux
auparavant; donc ils le sont encore. Donc il y a toujours proportion.

En divisant les antécédents par un même nombre, les rapports
deviennent ce nombre de fois plus petits (270). Donc il y a
toujours proportion.

En divisant les conséquents chacun par un même nombre, c'est
multiplier chaque rapport par ce nombre (272).

Divisant enfin chacun des quatre termes par un même nombre,
chaque rapport ne change pas de valeur (274). Nous avons donc
été autorisés à dire, qu'on peut, sans troubler l'exactitude d'une
proportion, etc.

315. On appelle *rapport composé* le rapport qui résulte de
plusieurs rapports dont on a multiplié les antécédents entre eux,
et les conséquents aussi entre eux.

316. D'où l'on voit que le rapport composé est égal au produit

des rapports composants, puisqu'il est formé de celui des fractions qui expriment ceux-ci.

317. On appelait *rapport doublé* celui qui résultait de deux rapports égaux dont on multipliait les antécédents entre eux, et les conséquents aussi entre eux. Cette expression est très-impropre et doit être bannie de l'arithmétique.

Lorsque les deux rapports dont on multiplie les antécédents entre eux, et les conséquents entre eux, sont égaux, il est évident que le rapport composé qui en résulte est égal au carré de l'un d'eux, puisqu'il est égal au produit de deux fractions égales.

318. On donnait le nom de *rapport triplé* à celui qui résultait du produit de trois rapports égaux dont on multipliait les antécédents entre eux et les conséquents aussi entre eux. Mais cette expression est tout aussi vicieuse que celle de rapport doublé.

Lorsque les rapports dont on multiplie les antécédents entre eux et les conséquents aussi entre eux sont égaux, et au nombre de trois, le rapport composé qui en résulte est égal au cube de l'un des rapports composants; et en effet il résulte du produit de trois fractions égales.

319. Le rapport était dit *quadruplé* lorsqu'il résultait du produit de quatre rapports égaux. Dans ce cas le rapport composé serait égal à la quatrième puissance de l'un des rapports composants; et ainsi de suite.

320. *Lorsque l'on multiplie deux ou plusieurs proportions par ordre, c'est-à-dire antécédent par antécédent, et conséquent par conséquent, les produits qui en résultent sont encore en proportion*, puisque les nouveaux rapports ne sont autre chose que les rapports composés des premiers.

321. *Lorsque l'on multiplie deux ou plusieurs proportions par ordre, et qu'il se trouve quelques fracteurs communs, d'antécédent à conséquent, on peut négliger la multiplication par ces facteurs communs. Il y aura proportion* parce qu'en négligeant les fracteurs communs qui se trouvent d'antécédent à conséquent, c'est diviser par un même nombre les deux termes du rapport dans lequel entreraient les facteurs communs, ce qui ne change pas la valeur du rapport (274).

322. *Lorsque l'on divise deux proportions par ordre, c'est-à-dire le premier terme de la première par le premier terme de la seconde, le second terme de la première par le second terme de la seconde, et ainsi de suite, les quotients sont en proportion.*

Et en effet, les nouveaux rapports ne sont autre chose que les quotients des rapports primitifs. Pour le démontrer, soient généralement les deux proportions,

$$A:B::C:D$$

$$M:N::P:Q$$

En divisant ces deux proportions par ordre, nous aurons

$$\frac{A}{M}:\frac{B}{N}::\frac{C}{P}:\frac{D}{Q};$$

Dans laquelle le rapport des deux premiers termes est $\dfrac{A \times N}{M \times B}$ (267);

Or, le rapport de $A:B$ est $\dfrac{A}{B}$; celui de $M:N$ est $\dfrac{M}{N}$, et le quotient de ces deux rapports, ou des fractions qui les expriment, est (172) $\dfrac{A \times N}{B \times M}$ lequel égale le rapport $\dfrac{A \times N}{M \times B}$ qui existe dans la proportion résultant des quotients des termes des deux proportions proposées.

323. *Lorsque quatre termes sont en proportion, leurs carrés sont aussi en proportion*, puisque les nouveaux rapports qui en résultent égalent les carrés des rapports primitifs.

324. *Les racines carrées de quatre quantités en proportion, sont elles-mêmes en proportion*, car les nouveaux rapports ne sont autre chose que les racines carrées des rapports primitifs.

325. *Lorsque quatre quantités sont en proportion, les cubes, et en général les puissances semblables de ces quatre quantités sont aussi en proportion.*

En effet, les nouveaux rapports sont égaux puisqu'ils égalent le cube, ou les puissances semblables des rapports primitifs qui, par la nature de la question, étaient égaux.

326. *Les racines semblables de quatre termes en proportion sont aussi en proportion*, puisque les nouveaux rapports ne sont autre chose que les racines semblables des rapports égaux.

DES RÈGLES DE TROIS.

327. On entend par *règle de trois*, une question qui conduit à trouver l'un des termes d'une proportion par quotient dont les trois autres termes sont connus. D'après cela, la difficulté de la résolution d'une règle de trois ne consistera pas dans l'opération

à effectuer pour trouver l'un des termes d'une proportion dont les trois autres termes seront connus, mais bien dans la manière de poser la proportion. Nous verrons bientôt comment on y parvient sans difficulté ; mais auparavant nous préviendrons que :

328. 1° Une regle de trois est *simple* lorsque l'énoncé de la question à laquelle on l'applique ne renferme que quatre quantités, dont trois sont connues, et la quatrième est à trouver.

329. 2° Une règle de trois est *composée* lorsque l'énoncé de la question à laquelle on l'applique renferme plus de quatre quantités.

330. Pour montrer comment on peut ramener la règle de trois composée au cas de la règle de trois simple, prenons un exemple :

Supposons que 12 hommes aient fait 400 mètres d'ouvrage en 15 jours, et qu'on veuille savoir ce qu'en feraient 20 hommes en 18 jours travaillant avec la même vitesse.

Nous ferons remarquer que 12 hommes travaillant pendant 15 jours, n'auront fait ni plus ni moins d'ouvrage que 15 fois 12 hommes, ou 180 hommes pendant un jour.

De même, 20 hommes en 18 jours, auront rempli la même tâche que 18 fois 20 hommes, ou 360 hommes pendant un jour.

De sorte que la question est ramenée à celle-ci : si, dans un temps donné, 180 hommes ont fait 400 mètres d'ouvrage, combien en feraient 360 hommes dans le même temps ?

$$\text{ou } 180^h : 360^h :: 400^m : x =$$

dont le quatrième terme, représenté par l'inconnue x, est 800 mètres.

331. La *règle de trois simple est dite directe* lorsque dans son énoncé les deux quantités principales de même espèce, sont entre elles dans le même ordre que leurs relatives. En sorte qu'en représentant l'une des quantités principales par A, l'autre par B, et les quantités qui leur sont relatives par a et b, on aura cette proportion :

$$A : B :: a : b.$$

C'est-à-dire, qu'une des quantités principales est à l'autre de même espèce,

Comme la quantité relative à la première est à la quantité relative à la seconde.

D'où l'on voit qu'une des quantités principales et sa relative, doivent former toutes deux les antécédents, ou les conséquents de la proportion

332. On dit qu'une règle de trois est *inverse* lorsqu'après avoir donné à ses termes la disposition convenable pour former une proportion, les deux quantités principales de même espèce, se contiennent dans un ordre inverse à celui de leurs relatives; de manière qu'en représentant par A et B les quantités principales, et par a et b leurs relatives, on aura

$$A : B :: b : a.$$

C'est-à-dire, qu'une des quantités principales est à l'autre de même espèce,

Comme la quantité relative à la seconde est à la quantité relative à la première.

D'où l'on voit qu'une des quantités principales, et sa relative, doivent toujours former les extrêmes, ou les moyens de la proportion.

Voici une question qui se rapporte à ce genre de règle de trois:

Sachant que 16 hommes ont fait un certain ouvrage dans l'espace de 30 jours, on demande le temps qu'emploieraient 48 hommes, travaillant avec la même vitesse, pour faire le même ouvrage?

On voit ici que, puisque dans le second cas il y a un plus grand nombre d'hommes d'employés que dans le premier cas, il faudra à ce plus grand nombre d'hommes, pour faire le même ouvrage, moins de jours que n'en ont employés les 16 hommes. La règle de trois est donc inverse. Pour la résoudre, il faut donc exprimer d'abord que le nombre d'hommes, qui est 16, est contenu dans 48, autant de fois que le nombre de jours cherché est contenu dans 30; il faut donc poser $48^h : 16^h :: 30^j : x = 10^j$. En sorte qu'il faudra à 48 hommes 3 fois moins de jours qu'à 16 hommes pour faire l'ouvrage proposé. Et en effet, dans le second cas il y a trois fois plus d'hommes que dans le premier.

En jetant les yeux sur la proportion que nous venons de poser, on voit qu'une des quantités principales 48^h, et sa relative 10^j, forment les extrêmes de la proportion; tandis que l'autre quantité principale 16^h, et sa relative 30^j, forment les moyens.

333. La règle de *société* sert à partager entre plusieurs associés le bénéfice ou la perte résultant de leur société, et cela en parties proportionnelles à leurs mises.

334. *Connaissant les mises des divers associés, pour déterminer la part de chacun, soit dans le gain, soit dans la perte qui résulte de leur société*, nous observerons que, puisque chaque associé

doit prendre part à l'un ou à l'autre selon sa mise, on aura cette suite de rapports égaux :

La mise du premier associé est à sa part, comme la mise du deuxième est à sa part, comme la mise du troisième est à sa part, et ainsi de suite.

Or, puisque dans toute suite de rapports égaux, la somme des antécédents est à celle des conséquents, comme l'un quelconque des antécédents est à son conséquent (312), nous aurons

La somme des mises est à la somme à partager, comme l'une des mises quelconque est à sa part.

D'où l'on voit qu'il faut faire autant de règles de trois qu'il y a de partageants.

335. On pourrait encore justifier le procédé à suivre pour résoudre la règle de société, de la manière suivante :

Supposons que la mise de l'un des associés soit le cinquième, par exemple, de la somme des mises ; il est évident que cet associé doit avoir pour sa part le cinquième du bénéfice ; par conséquent :

La somme des mises est au cinquième de cette somme qui est la mise de cet associé, comme le gain total est à un quatrième terme qui sera le cinquième de ce gain, ou la part relative à la mise de l'associé.

Il est évident qu'il y a proportion puisque les conséquents sont le cinquième des antécédents.

Faisant ainsi autant de proportions qu'il y a de partageants, on trouvera la part qui revient à chacun.

Mais si dans chacune de ces proportions nous changeons les moyens de place, nous aurons les proportions énoncées au numéro précédent.

336*. En appelant P, S, T, Q les mises des associés, P′, S′, T′, Q′ les parts respectives qui leur reviennent, par N la somme des mises, et par G la somme à partager soit dans le gain soit dans la perte, nous aurons successivement

$$\left.\begin{array}{l} N:G::P:P' \\ N:G::S:S' \\ N:G::T:T' \end{array}\right\} \ldots A$$

Or, à cause du rapport de la somme N des mises à la somme G à partager, commun à ces proportions, les autres rapports sont égaux, et l'on a

P:P′::S:S′::T:T′ .... B   C'est-à-dire, la mise du premier associé est à sa part, comme la mise du second est à sa part, comme la mise du troisième est à sa part, et ainsi de suite. Ce qui justifie la suite de rapports égaux posée n° 334.

337 *. Mais on peut poser aussi

$$P : S : T :: P' : S' : T'.$$

C'est-à-dire la mise du premier est à la mise du second est à la mise du troisième, comme la part du premier est à la part du second est à la part du troisième, et ainsi de suite.

En effet, en prenant de cette dernière suite les deux premiers termes, le quatrième et le cinquième, ce qui est permis, nous aurons

$$P : S :: P' : S';$$

Prenons les deuxième, troisième, cinquième et sixième termes, nous aurons

$$S : T :: S' : T';$$

d'où en changeant les moyens de place dans les deux dernières proportions

$$P : P' :: S : S'$$
$$S : S' :: T : T'$$

et de celle-ci résulte, à cause du rapport de $S : S'$ qui leur est commun,

$$P : P' :: S : S' :: T : T',$$

qui est bien la suite (B) dérivée des proportions (A).

338. Il peut arriver que les mises aient resté différents temps dans la société; alors, comme il est juste que chaque associé ait une part des bénéfices proportionnée au temps que son argent aura resté dans la société, il est juste aussi qu'il supporte dans le même rapport les pertes qui auraient pu être faites.

La règle à suivre dans ce cas consiste à *multiplier chaque mise par le temps, rapporté à la même unité, qu'elle aura resté dans la société, à considérer ces divers produits comme étant les mises respectives des associés, et enfin à suivre la règle énoncée dans le n° 334.*

339. La *règle d'alliage* a pour but

1° De faire connaître le prix moyen résultant du mélange de plusieurs choses, dont les quantités et les prix particuliers sont donnés ;

2° De trouver ce qu'il faut prendre de chacune de ces choses, pour former le mélange, lorsque les prix respectifs et le prix moyen sont connus.

340. *Solution pour le premier cas.*

La somme des quantités de marchandises, est à celle de leurs prix, comme l'unité de ces marchandises est au prix moyen de cette unité.

Exemple :

Un marchand a acheté du café à différents prix, savoir :

$$82 \text{ kilogrammes} \dots \text{à } 5^f \ {}_{\shortmid\shortmid}{}^c = 410^f \ {}_{\shortmid\shortmid}{}^c$$
$$44 \text{ idem} \dots \dots \text{à } 3 \quad 75 = 150 \ {}_{\shortmid\shortmid}$$
$$32 \text{ idem} \dots \dots \text{à } 4 \quad 50 = 144 \ {}_{\shortmid\shortmid}$$
$$70 \text{ idem} \dots \dots \text{à } 3 \quad 25 = 227 \quad 50$$

Ainsi 228 kilogrammes lui ont coûté 931^f 50^c.

Il veut savoir à combien lui revient le kilogramme.

Il doit poser

$$228^{\text{kilo}} : 1^{\text{kilo}} :: 931^f. \ 50^c : x =$$

dont le quatrième terme est 4^f. 09^c à moins d'un centime près.

341 *. *Solutions pour le second cas.*

PREMIÈRE QUESTION. Comment doit-on mêler du vin à 6 décimes, et à 9 décimes le litre, pour en avoir qu'on puisse vendre 8 décimes le litre ?

Représentons par x le nombre de litres à 9^d qu'il faut mêler avec un litre à 6^d pour avoir du vin à 8^d le litre. Tout le mélange contiendra $1+x$ litres.

Or, 1 litre à 6^d, plus x litres à 9^d, font une somme de $6+9x$ décimes.

Et $1+x$ litres à 8^d, doivent faire une somme égale

$$8 + 8\,x.$$

On a donc l'équation

$$6 + 9\,x = 8 + 8\,x.$$

Transposant le terme $8\,x$ dans le premier membre, et le nombre 6 dans le second (67), on a

$$9\,x - 8\,x = 8 - 6 ;$$

faisant la réduction (112*), il vient

$$x = 2.$$

Ce qui apprend qu'avec un litre de vin à 6^d il faut mêler deux litres de vin à 9^d, pour faire du vin à 8 le litre.

En effet, 1 litre à..... 6^d

et 2 litres à $9^d = 18$

font 3 litres pour 24^d.

Par conséquent le prix moyen du litre est $\dfrac{24}{3} = 8$ décimes.

SECONDE QUESTION. Supposons que le mélange dut être fait avec des vins à 6, 7 et 9 décimes le litre, pour avoir du vin à 8 décimes;

Représentons par x le nombre de litres à 7^d, par y le nombre de litres à 9^d, qu'il faut mêler avec un litre à 6^d pour avoir du vin à 8^d le litre.

Tout le mélange contiendra $1+x+y$ litres, et coûtera $8 \times (1+x+y)$ décimes; ou en faisant les multiplications
$$8 + 8x + 8y;$$

Or, il entre dans le mélange 1 litre à 6^d, x litres à 7^d, et y litres à 9^d, ce qui représente une somme égale de $6+7x+9y$ décimes;

on a donc l'équation $8+8x+8y = 6+7x+9y$.

Transposant le terme $7x$ dans le premier membre, et les termes $8y$ et 8 dans le second (67), on a
$$8x - 7x = 9y - 8y + 6 - 8;$$
faisant la réduction (112^*), il vient
$$x = y - 2.$$

Cette relation apprend que quelque soit le nombre entier ou fractionnaire que l'on substituera à la place de y, pourvu qu'il soit plus grand que 2, il en résultera toujours pour x un nombre positif correspondant; que, par conséquent, la question sera résolue dans le sens précis de son énoncé, et qu'elle pourra l'être d'un nombre infini de manières.

En effet, si nous faisons $y = 3$, on a $x = 3 - 2 = 1$, de manière que prenant 1 litre de vin à. . . . . 6^d

  1 litre à. 7

  et 3 litres à 9^d. 27

  On a 5 litres qui reviennent à. . . . 40^d

d'où il suit que chaque litre revient à $\dfrac{40^d}{5} = 8$ décimes.

Si l'on fait $y = 4$, on a $x = 4 - 2 = 2$; de manière que, prenant 1 litre à 6^d, 2 litres à 7^d, et 4 litres à 9^d, il y aura dans le mélange 7 litres de vin, dont le prix moyen sera de 8 décimes.

Et ainsi de suite.

La question ayant ainsi une infinité de solutions, est ce qu'on appelle *indéterminée*.

Mais si l'on eût exprimé deux conditions de plus, celles que tout le mélange fut, par exemple, de 60 litres, et qu'il dût y entrer, supposons, quatre fois autant de vin à 9^d que de vin à 6^d, alors on aurait autant d'équations que d'inconnues.

En effet, puisque le nombre de litres de vin qui doivent former le mélange est fixé, nous ne pouvons pas, comme précédemment, représenter par l'unité le nombre de litres à 6^d qui devront y entrer; d'après cela, soit x ce nombre; y le nombre de litres à 7^d; z celui à 9^d.

x litres à 6^d coûteront $6x$, y litres à 7^d coûteront $7y$, z litres à 9^d coûteront $9z$; la somme de ces prix est $6x + 7y + 9z$, et doit, d'après la première condition, égaler 8^d, pris autant de fois qu'il y a de litres dans le mélange, c'est-à-dire multiplié par $x + y + z$.

On a donc pour première équation
$$6x + 7y + 9z = 8x + 8y + 8z.$$

La seconde condition étant que le mélange soit de 60 litres, donne une seconde équation
$$x + y + z = 60.$$

La troisième condition étant qu'il entre dans le mélange quatre fois autant de vin à 9^d que de vin à 6^d, fournit une troisième équation
$$z = 4x.$$

Nous avons donc trois équations pour déterminer les valeurs des trois *inconnues* au premier degré x, y, z. Nous allons montrer que cela est possible, et que la question n'est susceptible que d'une seule solution, ce qu'on exprime en disant qu'elle est *déterminée*.

Dans la vue de montrer ceci, procédons à la *résolution* des équations, c'est-à-dire cherchons à en déduire les valeurs des inconnues.

La première équation donne, en transposant et réduisant,
$$z = 2x + y.$$

On déduit de la deuxième équation, en transposant
$$z = 60 - x - y.$$

Substituant dans chacune de ces deux dernières équations, en place de z sa valeur $4x$, donnée par la troisième équation, on a
$$4x = 2x + y$$
$$4x = 60 - x - y.$$

La première de ces deux dernières équations donne, en transposant, réduisant, et divisant les deux membres par 2

Celle qui vient après donne, en transposant, réduisant et divisant les deux membres par 5,

$$x = \frac{60 - y}{5}.$$

Ces deux valeurs de x devant être évidemment égales, on a

$$\frac{y}{2} = \frac{60 - y}{5}.$$

Réduisant les deux membres de cette dernière équation au même dénominateur, ce qni ne change pas leur valeur; et supprimant le dénominateur commun, ce qui rend les deux membres de cette équation le même nombre de fois plus grands, il y aura toujours équation, et on aura

$$5y = 120 - 2y;$$

d'où, en transposant, réduisant, puis divisant les deux membres par 7, on a

$$y = \frac{120}{7} = 17\frac{1}{7}.$$

Substituant cette valeur de y dans l'une des deux valeurs de x; dans la première, puisqu'elle est la plus simple, il vient

$$x = \frac{120}{14} = 8\frac{4}{7}.$$

Substituant enfin cette valeur de x dans la première valeur de z, on a

$$z = \frac{480}{14} = 34\frac{2}{7}.$$

Il résulte de ces trois dernières équations qu'en mêlant ensemble 8 litres $\frac{4}{7}$ de vin à 6^{d}, 17 litres $\frac{1}{7}$ à 7^{d}, 34 litres $\frac{2}{7}$ à 9^{d}, on composera 60 litres de vin à 8^{d}; qu'il entrera dans le mélange quatre fois autant de vin à 9^{d} qu'à 6^{d}, et qu'il n'y aura qu'une seule manière de le faire.

On voit, d'après cette manière de procéder, que, pour résoudre toutes les questions de ce genre, et beaucoup d'autres, on doit commencer par *examiner avec attention l'état de la question, représenter les quantités inconnues par des lettres qui, ordinairement, sont les dernières de l'alphabet, démêler les relations qu'ont ces quantités avec les quantités connues, et exprimer ces relations par des équations.*

Dans la vue de parvenir à ce but, on fera, sur les quantités con-

nues et sur *les inconnues*, les mêmes raisonnements et les mêmes opérations que l'on ferait si, connaissant les valeurs des inconnues on voulait les *vérifier*.

Maintenant, il ne s'agira plus que de *resoudre* ces équations

A cet effet, supposons qu'il y ait autant d'équations que d'inconnues. *On prendra, dans chaque équation, la valeur d'une même inconnue, en opérant comme si tout le reste était connu ; on égalera l'une de ces valeurs à chacune des autres, ce qui, en chassant ou* ÉLIMINANT *l'inconnue dont on aura pris la valeur, donnera autant d'équations moins une, à autant d'inconnues moins une, qu'il y en avait. On prendra, comme précédemment, dans chacune de ces équations, la valeur d'une même inconnue, en opérant comme si tout le reste était connu ; on égalera cette valeur à chacune des autres, et on aura encore une équation et une inconnue de moins. On continuera ainsi jusqu'à ce qu'on soit parvenu à n'avoir plus qu'une seule équation à une inconnue ; on prendra, dans cette équation, la valeur de l'inconnue qui y entre ; on substituera cette valeur en place de cette inconnue, dans l'une des équations à deux inconnues, ce qui fera connaître la valeur d'une seconde inconnue. On substituera les valeurs des deux inconnues, ainsi obtenues, dans l'une des équations à trois inconnues ; et l'on continuera ainsi jusqu'à ce qu'on soit parvenu à obtenir les valeurs de toutes les inconnues.*

Si toutes les inconnues n'entraient pas dans chaque équation, on suivrait la même marche ; seulement le calcul serait plus simple

On voit ainsi que, lorsque la question a fourni autant d'équations qu'il y a d'inconnues, on parvient à la connaissance de ces inconnues, et que cette question est dès-lors *déterminée.*

S'il y avait moins d'équations que d'inconnues, alors l'équation qui, tout à l'heure, nous a donné la valeur de la première inconnue contiendrait, non pas seulement une seule, mais autant d'inconnues qu'il y en aurait de plus que d'équations ; de manière que l'on ne pourrait obtenir que les valeurs d'autant d'inconnues qu'il y aurait d'équations.

Ces valeurs seraient exprimées au moyen des autres inconnues, et la question serait ce que nous avons appelé *indéterminée.*

S'il y avait plus d'équations que d'inconnues, la question serait plus que déterminée. Voici un exemple de ce cas.

Soit proposé de trouver deux nombres dont la somme soit 17, la différence 9, et le produit 22?

Représentons le plus grand de ces nombres par x, le plus petit par y; leur somme sera $x + y$, leur différence $x - y$, et leur produit $x \times y$; or, par l'état de la question, la somme des deux nombres demandés doit être 13, leur différence 9, et leur produit 22; on a donc les trois équations

$$x + y = 13$$
$$x - y = 9$$
$$x \times y = 22$$

pour déterminer les valeurs des deux inconnues x, y. Or, deux de ces équations suffisent pour déterminer ces valeurs; par conséquent, si nous substituons ces mêmes valeurs dans la troisième équation, elles *y satisferont*, ou *n'y satisferont pas*, c'est-à-dire que le premier membre sera, après cette substitution, égal, ou inégal au second. Si cette équation, qui est une *équation de condition*, est satisfaite, la question est possible; mais si elle n'est pas satisfaite, on ne pourra remplir à la fois toutes les conditions de cette question.

Éclaircissons ceci par la *résolution* des équations.

Il serait aisé, en opérant comme précédemment, de déduire les valeurs de x et y des deux premières équations; mais il est plus simple d'ajouter ces équations membre à membre, ce qui donne, en réduisant,

$$2 x = 22, \text{ d'où } x = 11.$$

Retranchant membre à membre la deuxième équation de la première, divisant ensuite par 2, on trouve

$$y = 2.$$

La somme $x+y$ des valeurs ainsi trouvées pour x, y, égale 13; leur différence $x-y$ égale 9; par conséquent ces deux valeurs satisfont aux deux premières conditions de la question. Pour qu'elles satisfassent à la troisième condition, il faut que leur produit 11×2 égale 22, ce qui a lieu en effet. Ainsi, les deux nombres 11 et 2 sont tels que, leur somme est 13, leur différence 2, et leur produit 22; ces deux nombres *satisfont* donc aux trois conditions de la question.

Si la troisième condition eût été que le produit des deux nombres demandés fût autre que 22, 37 par exemple, on voit que les deux nombres 11 et 2, déduits des deux premières équations, ne pourraient satisfaire à cette troisième condition; que, par conséquent, les trois équations seraient *incompatibles*.

Nous avons ainsi transporté dans l'arithmétique les moyens de résoudre une série de questions essentielles, dont les démonstrations ne se trouvaient que dans les livres d'algèbre.

DES PROGRESSIONS ARITHMÉTIQUES, OU PAR DIFFÉRENCES.

342. Une *progression arithmétique*, *ou par différence*, est une suite de nombres dont chacun surpasse celui qui le précède, ou celui qui le suit, d'une même quantité.

343. Cette quantité est ce qu'on appelle *la raison* de la progression. Ainsi pour l'obtenir, on prend la différence entre deux nombres voisins, qui sont des *termes* de la progression.

344. Pour écrire que plusieurs termes sont en progression par différence, on place avant eux une barre horizontale au-dessus et au-dessous de laquelle on met un point, et on sépare chaque terme de son voisin par un point. Ce point signifie *est à*; les deux points et la barre mis en tête de la progression sont destinés à indiquer que l'on doit répéter chaque terme de la progression, excepté les deux termes extrêmes, en faisant précéder le terme répété du mot *comme*.

$\div$ 3.5.7.9 etc. est une progression arithmétique; et on l'énonce ainsi : 3 *est à* 5, arithmétiquement, *comme* 5 *est à* 7, *comme* 7 *est à* 9, etc.

345. La progression est dite *croissante*, ou *ascendante*, lorsque les termes vont en augmentant à partir du premier. Lorsque les termes diminuent à partir de l'origine, la progression est *décroissante*; on l'appelle aussi *descendente*.

346. *L'un quelconque des termes d'une progression croissante par différence est composé du premier, plus autant de fois la raison qu'il y a de termes avant ce terme quelconque.*

En effet, le second terme est composé du premier, plus la raison (343). Le troisième est composé du second plus la raison, mais puisque le second terme est composé lui-même du premier plus la raison, il s'ensuit que le troisième terme, est composé du premier plus deux fois la raison.

Le quatrième terme est composé du troisième plus la raison, mais le troisième étant composé du premier plus deux fois la raison, il en résulte que le quatrième terme est composé du premier plus trois fois la raison.

En continuant le même raisonnement, on voit qu'effectivement, etc.

347. Il suit de là que *pour calculer un terme quelconque d'une progression croissante par différence, connaissant le premier terme et la raison, sans calculer les autres termes, il faut ajouter au premier terme, la raison prise autant de fois qu'il y a de termes avant celui que l'on cherche.*

348. *Lorsque le premier terme d'une progression croissante par différence est zéro, l'un quelconque des termes de cette progression est composé de la raison prise autant de fois qu'il y a de termes avant ce terme quelconque.*

En effet, l'un des termes quelconques d'une progression croissante par différence, est composé du premier, plus autant de fois la raison qu'il y a de termes avant ce terme quelconque. Mais lorsque le premier terme est zéro, il ne change rien à la raison prise autant de fois qu'il y a de termes avant ce terme quelconque, qui est alors ce dont celui-ci est composé.

349. *Pour insérer un certain nombre de moyens arithmétiques entre deux nombres, il faut diviser la différence entre ces deux nombres par le nombre des moyens que l'on veut insérer plus un. Le quotient donnera la raison ; avec laquelle, et d'après ce qui a été dit n° 346, il sera facile d'insérer les moyens.*

En effet, en supposant le premier de ces deux nombres plus petit que l'autre, si nous le retranchons de cet autre, le reste sera composé de la raison prise autant de fois qu'il doit y avoir de termes avant celui-ci (346). Si donc nous divisons le reste par ce nombre de termes, qui est égal au nombre des moyens que l'on veut insérer plus un, on aura la raison, car en divisant un produit par l'un de ses facteurs on obtient au quotient l'autre facteur (94).

350. *L'un des termes quelconques d'une progression décroissante par différence, est composé du premier terme, moins autant de fois la raison qu'il y a de termes avant ce terme quelconque.* Car, le second terme est composé du premier moins la raison ; le troisième terme est composé du second moins la raison. mais comme le second terme est lui-même composé du premier moins la raison, il s'ensuit que le troisième terme est composé du premier moins deux fois la raison.

Le même raisonnement étant continué on verra qu'en effet, etc.

351. *Connaissant le premier terme et la raison d'une progression*

décroissante par différence, il suit de ce que nous venons de dire, que *pour trouver l'un des termes de cette progression, sans qu'il soit besoin de calculer ceux qui sont avant lui, il faut retrancher du premier terme autant de fois la raison qu'il y a de termes avant celui que l'on cherche.*

352*. *La somme d'un nombre quelconque de termes d'une progression par différence, est égale à la somme des deux termes extrêmes multipliée par la moitié du nombre des termes.*

En effet, la somme du premier et du dernier terme est égale à celle du second et du pénultième terme, car ces quatre termes forment une équi-différence, et nous savons que dans toute équi-différence la somme des extrêmes égale la somme des moyens (282); nous démontrerions de même que la somme du troisième et de l'antépénultième terme égale celle des termes extrêmes; et ainsi de suite pour deux autres termes pris à égales distances des deux termes extrêmes. Il en serait de même si le nombre des termes de la progression était impair, puisque le terme du milieu fait avec les deux termes extrêmes une équi-différence continue. Ainsi ce terme moyen est la moitié de la somme des termes extrêmes. D'où il suit que pour avoir le double de la somme des termes d'une progression arithmétique quelconque, il faut faire une somme des deux termes extrêmes, et multiplier cette somme par le nombre des termes de la progression; ensorte que la moitié de ce produit exprimera la somme des termes de la progression; mais la moitié de ce produit n'est autre chose que la moitié du nombre des termes multiplié par la somme des deux termes extrêmes.

Donc en effet, etc.

DES PROGRESSIONS GÉOMÉTRIQUES, OU PAR QUOTIENTS.

353. On entend par *progression géométrique, ou par quotient* une suite de termes dont le rapport par quotient entre deux termes consécutifs, pris dans le même ordre, est *constant.*

354. Pour écrire que plusieurs termes sont en progression par quotient, on les sépare l'un de l'autre par deux points, et l'on place, en tête de la progression, une barre au-dessus et au-dessous de laquelle on met deux points. Ainsi $\div$ 2 : 4 : 8 : 16 : 32, etc. est une progression géométrique, et s'énonce ainsi : 2 est à 4, *comme 4 est à 8, comme 8 est à 16, comme 16 est à 32,* etc., d'où l'on voit que la barre et les quatre points placés en tête de la pro-

gression sont destinés à rappeller que l'on doit répéter, dans l'é-
noncé, chacun des termes de la progression excepté le premier et
le dernier, en faisant précéder le terme répété du mot *comme*.

355. La progression par quotient est *croissante ou décroissante*,
comme la progression par différence, suivant que les termes vont
en augmentant ou en diminuant à partir de *l'origine* de la progression, qui est le premier terme.

356. Si l'on indique sous forme de fraction qui, dans certains
cas, pourra se réduire à un nombre entier, le quotient de la division
d'un terme quelconque de la progression par quotient, par celui
qui le précède, on aura ce qu'on appelle *la raison de la progression*.

357. D'après cela, *un terme quelconque de cette progression est
égal au terme précédent multiplié par la raison.*

Ainsi le second terme est formé du produit du premier par la
raison.

Le troisième terme est formé du produit du second par la raison; mais nous venons de voir que le second est lui-même formé
du premier multiplié par la raison; par conséquent, le troisième
terme est formé du produit du premier par la raison deux fois
facteur, c'est-à-dire est égal au premier multiplié par la seconde
puissance, ou le carré de la raison.

En continuant le même raisonnement on voit que

358. *Un terme quelconque d'une progression par quotient, est le
produit du premier terme, par la raison autant de fois facteur qu'il
y a de termes avant lui; ce qu'on exprime aussi en disant que il
est égal au premier terme, multiplié par la raison élevée à une puissance indiquée par le nombre de termes qui précèdent ce terme
quelconque.*

359. On peut donc ainsi, à l'aide du premier terme, et de la
raison d'une progression, calculer un terme quelconque, sans s'as-
treindre à obtenir les valeurs des termes intermédiaires.

360. Lorsque le premier terme de la progression est l'unité,
alors l'un quelconque des termes de cette progression se compose
de la raison facteur autant de fois qu'il y a de termes avant lui;
car cette puissance de la raison ne change pas par la multiplication du premier terme qui est l'unité.

361. *Pour insérer un certain nombre de moyens proportionnels,
que l'on appelle géométriques, entre deux nombres, il s'agit de
trouver la raison qui doit régner dans la progression,* puisqu'avec

cette raison, et ce qui a été dit (357), il sera facile d'insérer les moyens.

Le procédé pour obtenir la raison *consiste à diviser le plus grand des deux nombres donnés par le plus petit, puis à extraire du quotient une racine du degré indiqué par le nombre des moyens que l'on peut insérer plus un.*

En effet, puisque le dernier terme de la progression est composé du premier terme multiplié par la raison élevée à une puissance indiquée par le nombre des termes qui le précèdent (358), il s'ensuit que si l'on divise le dernier terme par le premier, on aura au quotient la raison élevée à une puissance indiquée par le nombre des termes qui précèdent le dernier ; si donc on extrait de ce quotient une racine indiquée par le nombre de termes qui précèdent le dernier, c'est-à-dire par le nombre des moyens que l'on veut insérer plus un, qui lui est égal, on aura la raison.

362*. *Connaissant le premier terme, le dernier et le nombre des termes d'une progression par quotient, recherchons qu'elle est l'expression du produit de tous les termes.*

Il résulte de la nature de la progression que les deux termes extrêmes, et leurs voisins, ou encore les deux termes extrêmes et deux autres termes équi-distants des extrêmes, forment une proportion par quotient; que par conséquent, le produit des deux termes extrêmes, est égal au produit de deux autres termes pris à distances égales de ces deux termes extrêmes. Ainsi *le produit de tous les termes* est égal à celui des deux termes extrêmes facteur autant de fois qu'il y a de termes divisé par deux;

Ou en d'autres mots, *est égal au produit des deux termes extrêmes élevé à une puissance indiquée par la moitié du nombre des termes.*

363*. *Lorsque plusieurs quantités sont entre elles comme leurs différences, ces différences sont en progression par quotient.*

Soient a, b, c, d, etc. plusieurs quantités dont les différences sont $a-b$, $b-c$, $c-d$, etc.

On a, par supposition,

$$b : a-b :: c : b-c :: d : c-d :: \text{etc.}$$

Les quatre premiers termes de cette suite donnent, en égalant le produit des moyens à celui des extrêmes,

$ac-bc=b^2-bc$; d'où, en effaçant $-bc$ de part et d'autre,

$ac-b^2$, d'où la proportion $a.b..b.c.$ En comparant la diffé rence des deux premiers termes de cette progression à celle des deux derniers, on a (308) $a-b:b-c::b:c$.

En considérant la proportion $c:b-c::d:c-d$ déduite de la suite proposée, et égalant le produit des moyens à celui des extrêmes, on a

$bd-cd=c^2-cd$, et en effaçant $-cd$ dans chaque membre, $bd=c^2$, d'où la proportion $b:c::c:d$;

Faisant dans cette proportion : la différence des deux premiers termes, est à celle des deux derniers, comme le premier terme est au troisième, nous aurons

$$b-c:c-d::b:c;$$

A cause du rapport de $b:c$, commun à cette proportion et à la proportion $a-b:b-c::b:c$, on a (300),

$$a-b:b-c::b-c:c-d::\text{etc.}$$

que l'on peut écrire ainsi :

$$\div a-b:b-c:c-d:\text{etc.}$$

Donc, en effet, lorsque plusieurs quantités sont entre elles comme leurs différences, ces différences sont en progression par quotient.

Cette proposition reçoit une application utile en physique pour la démonstration de la règle à suivre pour obtenir les mesures des lieux élevés, à l'aide du baromètre.

DES LOGARITHMES.

364. Les *logarithmes* dont on a attribué l'invention à Néper, Baron suédois, mais qui avaient été néanmoins connus, puis oubliés, avant cet homme célèbre, *peuvent être définis des nombres en progression par différence, qui répondent, terme à terme, à une autre suite de nombres en progression par quotient*[*].

Il résulte de cette définition qu'un même nombre peut avoir une infinité de logarithmes ; car, à une même progression par quotient, on peut faire correspondre une infinité de progressions par différences.

365. Mais pour former les *tables* de logarithmes actuellement en usage, *Briggs* a choisi la suite naturelle des nombres entiers

---

[*] Voyez la note III, n° 413.

commençant par zéro; suite qui est une progression par différence dont la raison est un.

366. Et il a fait correspondre cette progression, à la progression par quotient dont le premier terme est *l'unité*, et la raison 10.

367. Ainsi la progression par quotient

$$\text{étant} \; \div\; 1 : 10 : 100 : 1000 : 10000 : \text{etc.},$$

Les termes de la progression
par différence. . . . .÷ 0 . 1 . 2 . 3 . 4 . etc.,
sont les logarithmes de ceux auxquels ils correspondent.

D'après ce système de progressions, *le logarithme* de 1 est 0,
celui de 10 est 1, celui de 100 est 2, celui de 1000 est 3, et ainsi
de suite; de manière qu'un même nombre ne peut avoir qu'un
seul logarithme.

368. Pour trouver les nombres intermédiaires de la progression
décuple par quotient, et dans la progression par différence, les lo-
gartihmes correspondants à ces nombres, on peut concevoir que
l'on s'y est pris de la manière suivante :

Qu'on a inséré, dans la progression par quotient, entre 1 et 10,
un très-grand nombre de moyens proportionnels, dix millions par
exemple; qu'on a inséré aussi, dans la progression par différence,
entre 0 et 1, autant de moyens proportionnels arithmétiques,
qu'on a inséré de moyens géométriques entre 1 et 10 dans la progression par quotient;

Que parmi les moyens insérés dans cette dernière progression,
on a, à défaut des nombres 2, 3, 4, 5, 6, 7, 8, 9, qui ne peuvent s'y
trouver, choisi ceux qui en approchaient le plus, et qu'on a pris,
pour l'ogarithmes de ces nombres 2, 3, 4, etc., les termes correspondants de la progression par différence; en ayant eu soin,
dans le calcul de ces termes, de pousser l'approximation jusqu'au
sixième chiffre décimal au moins.

Et qu'on ait continué les mêmes opérations pour obtenir les
logarithmes des nombres intermédiaires entre 10 et 100, 100 et
1000, 1000 et 10000, et ainsi de suite. *

369. Rangeant ensuite dans des colonnes verticales les nombres

---

* Cette manière de procéder la construction des tables de logarithmes, n'est pas
la plus expéditive : elle serait même impraticable à cause de la longueur et de
la difficulté des calculs. Nous ne l'avons indiquée que dans la vue de donner une
idée du mécanisme de cette construction. On donne en algèbre, et mieux dans le
calcul différenciel, des méthodes incomparablement plus expéditives. (*Voyez la
note* III, n° 415).

1, 2, 3, 4, 5, 6, 7, 8, 9, 10, 11, etc., et écrivant, en regard de chacun, le terme de la progression par différence correspondant au nombre qui, dans la progression par quotient, en approche le plus, les tables seront construites.

370. La partie entière qui se trouve dans le logarithme d'un nombre, est ce qu'on appelle la *caractéristique* du logarithme de ce nombre. On l'appelle ainsi, parce qu'elle renferme toujours autant d'unités qu'il y a de chiffres moins un dans le nombre, et qu'elle fait reconnaître, par conséquent, à quelle *décade* appartient le nombre.

Ainsi le logarithme de 1 étant 0, et celui de 10 étant l'unité, tous les logarithmes des nombres compris entre 1 et 10, ont aussi zéro à leur caractéristique; en sorte qu'ils sont exprimés uniquement au moyen des chiffres décimaux.

Le logarithme de 10 étant 1, c'est 1 qui est la caractéristique du logarithme de 10.

Tous les nombres compris entre 10 et 100, ont aussi l'unité à leur caractérique; celle de tout nombre compris entre 100 et 1000 est 2, et ainsi de suite.

371. A l'inspection seule des tables dont nous venons d'indiquer la construction, on peut résoudre l'un et l'autre des deux problêmes suivants :

PREMIER PROBLÈME. *Étant donné un nombre entier qui ne dépasse pas l'étendue des tables, trouver son logarithme?*

SECOND PROBLÈME. *Le logarithme de l'un des nombres écrits dans les tables étant donné, trouver ce nombre?*

Nous indiquerons bientôt comment, à l'aide des mêmes tables, on devra procéder pour obtenir les logarithmes des nombres fractionnaires, ceux des fractions, et des nombres qui en dépassent les limites; et réciproquement.

372. *Si l'on multipliait entre eux deux des termes d'une progression par quotient commençant par l'unité, et qu'on ajoutât les deux termes correspondants d'une progression par différence commençant par zéro, le produit et la somme se correspondraient dans ces deux progressions prolongées suffisamment.*

En effet, puisque la progression par quotient commence par l'unité, un terme quelconque de cette progression est formé de la raison facteur autant de fois qu'il y a de termes avant lui (360). D'un autre côté, comme la progression par différence commence par zéro, un terme quelconque de cette progression est formé de

la raison prise autant de fois qu'il y a de termes avant lui (348).
Donc, dans un terme quelconque de la progression par quotient,
la raison est facteur autant de fois que la raison de la progression
par différence est contenue dans le terme correspondant.

Réciproquement, lorsque, dans un terme quelconque de la
progression par quotient, la raison est autant de fois facteur que
la raison de la progression par différence est contenue dans un
terme de celle-ci, ces deux termes se correspondent dans les
deux progressions; car, s'il n'en était pas ainsi, la raison ne
serait pas facteur dans le terme de la progression par quotient,
autant de fois que celle de la progression par différence est contenue dans le terme de celle-ci dont il est question, ce qui est
contre la supposition.

Maintenant, si l'on fait un produit de deux termes quelconques
de la progression par quotient, la raison sera facteur dans le
produit autant de fois qu'elle l'était tant dans l'un des termes
multipliés que dans l'autre; et si on ajoute les termes correspondants de la progression par différence, la raison de cette progression sera contenue dans la somme autant de fois qu'elle l'était tant
dans l'un des termes ajoutés que dans l'autre; mais nous venons
de voir que la raison de la progression par quotient est facteur dans
chacun des termes multipliés, autant de fois que la raison de la
progression par différence est contenue dans les termes correspondants ajoutés. Donc la raison de la progression par quotient
est facteur dans le produit autant de fois que la raison de la progression par différence est contenue dans la somme. Donc,
d'après ce qui vient d'être dit à l'alinéa précédent, le produit et
la somme se correspondent. Donc, etc.

373. D'après cela, *si l'on proposait de multiplier un nombre par
un autre nombre en employant les logarithmes, il faudrait ajouter
les logarithmes de ces deux nombres, et la somme serait le logarithme de leur produit.*

Car, si l'on faisait correspondre deux progressions, l'une par
quotient commençant par l'unité, l'autre par différence, commençant par zéro, chaque terme de la progression par différence
serait ce qu'on appelle *le logarithme* du terme qui lui correspond
dans la progression par quotient. Or, lorsque l'on a deux progressions telles que celles-ci; que l'on multiplie deux termes de
la progression par quotient, et que l'on ajoute les termes correspondants de la progression par différence, nous venons de voir

que le produit et la somme se correspondaient. Donc la somme est le logarithme du produit. Donc, *lorsqu'on ajoute les logarithmes de deux nombres, on a le logarithme du produit de ces deux nombres* *.

374. D'après cela, la règle *pour élever un nombre au carré, en employant les logarithmes,* consiste à doubler le logarithme de ce nombre, ce qui donne celui du carré de ce même nombre.

En effet, pour carrer un nombre, il faut le multiplier par lui-même (208), ce qui revient, en employant les logarithmes, à doubler le logarithme de ce nombre (373), et à chercher ce double dans les tables; on trouvera à côté le carré du nombre proposé.

375. Réciproquement, *si l'on se proposait d'extraire la racine carrée d'un nombre, en employant les logarithmes,* il faudrait prendre la moitié du logarithme de ce nombre, chercher ensuite cette moitié dans les tables, et on trouverait à côté la racine demandée.

376. *Pour élever un nombre à une puissance quelconque, en employant les logarithmes,* il faut multiplier son logarithme par le nombre qui indique à quelle puissance on veut élever; le produit donnera le logarithme de cette puissance.

Car, pour élever un nombre à une puissance quelconque, il faut le rendre aussi souvent facteur que l'indique l'exposant de la puissance; ce qui revient à multiplier le logarithme de ce nombre par l'exposant de la puissance; cherchant ce produit dans les tables, on trouve à côté la puissance demandée **.

377. Réciproquement, *si l'on se proposait d'extraire une racine d'un dégré quelconque d'un nombre, en employant les logarithmes,* il faudrait diviser le logarithme du nombre proposé par l'exposant de la racine, le quotient donnerait le logarithme de la racine demandée. De sorte qu'en cherchant ce logarithme dans les tables, on trouverait la racine à côté ***.

378. *Pour diviser un nombre par un autre, en employant les logarithmes,* il faut retrancher le logarithme du diviseur de celui du dividende, le reste sera le logarithme du quotient.

En effet, puisque le diviseur multiplié par le quotient doit reproduire le dividende, le logarithme du diviseur ajouté au logarithme du quotient, doit donc composer le logarithme du di-

---

* Voyez la note III, n° 416*.
** Voyez la note III, n° 418*.
*** Voyez la note III, n° 419*.

vidende (373); d'où il suit que le logarithme du dividende moins celui du diviseur égale le logarithme du quotient. Donc, etc. *

379. *Connaissant les trois premiers termes d'une proportion par quotient, pour trouver le quatrième à l'aide des logarithmes* il faut faire une somme des logarithmes des deux termes moyens, et retrancher de cette somme le logarithme du premier terme; le reste sera le logarithme du quatrième terme.

En effet, nous avons vu (297) que pour trouver le quatrième terme d'une proportion par quotient il fallait faire un produit des deux termes moyens, et diviser ce produit par le premier terme. Donc, en employant les logarithmes, il faut faire une somme des logarithmes des deux moyens, et retrancher de cette somme le logarithme du premier terme (373 et 378).

380. Nous avons vu (299) que *pour trouver un moyen proportionnel géométrique entre deux nombres* il fallait faire un produit de ces deux nombres, et en extraire la racine carrée. Donc, en faisant usage des logarithmes, il faut faire une somme des logarithmes des deux nombres, et en prendre la moitié, ce qui donnera le logarithme du moyen proportionnel.

381. *Un nombre entier joint à une fraction étant donné, pour trouver son logarithme*, on réduit le nombre entier en fraction de même espèce que celle qui l'accompagne, on retranche du logarithme du numérateur celui du dénominateur de l'expression fractionnaire, et on a pour reste le logarithme de la quantité proposée.

En effet, en réduisant le nombre entier en fraction de même espèce que celle qui l'accompagne, on ne change pas sa valeur (119), et l'expression fractionnaire qui en résulte n'est autre chose que le quotient de la division de son numérateur par son dénominateur; or, pour effectuer cette division à l'aide des logarithmes, il faut retrancher le logarithme du dénominateur de celui du numérateur (378).

382. *Pour obtenir le logarithme d'une fraction*, il faut retrancher le logarithme du numérateur de celui du dénominateur, et appliquer au reste le signe *moins*.

En effet, puisqu'une fraction n'est autre chose que le quotient du numérateur par le dénominateur (151), on devrait, pour effectuer cette division à l'aide des logarithmes, retrancher le loga

rithme du dénominateur de celui du numérateur (378) puis appliquer au reste le signe — de la quantité qui a dû être retranchée (33); mais comme il s'en faut précisément de l'excédent du
logarithme du dénominateur sur celui du numérateur que cette
soustraction puisse s'effectuer, on retranchera le logarithme du
numérateur de celui du dénominateur, et on appliquera au reste
le signe *moins*.

383. Ce signe *négatif* dont on fait précéder le logarithme d'une
fraction, rappellera, dans les calculs, que les logarithmes des
fractions doivent être employés avec le signe —, c'est-à-dire selon
une règle toute opposée à celle des nombres entiers; cela est évident puisque la somme de A et —B étant A—B (103*), il faut,
pour l'obtenir, retrancher +B de A.

384. *Soit proposé de multiplier un nombre entier, ou un nombre
entier joint à une fraction, par une fraction, en employant les logarithmes ?*

Pour cet effet, on retranchera du logarithme du nombre entier,
ou du nombre entier joint à la fraction, s'il y en a une, le logarithme de la fraction multiplicateur, et on aura le logarithme du
produit.

En effet, multiplier par une fraction revient à multiplier par
le numérateur et à le diviser par le dénominateur. Donc, en opérant par logarithmes, il faut ajouter le logarithme du numérateur
de cette fraction, et retrancher celui de son dénominateur, ou, ce
qui revient au même, retrancher l'excès du logarithme du dénominateur sur celui du numérateur; or, cet excès est précisément
le logarithme de la fraction (382).

385. Nous avons vu (166) que *pour multiplier une fraction par
une fraction*, il fallait multiplier les numérateurs entre eux, et les
dénominateurs aussi entre eux. Donc, *en opérant par logarithmes*,
l'opération se réduit à ajouter entre eux les logarithmes des numérateurs, et à retrancher de leur somme celle des logarithmes
des dénominateurs. Mais comme cette dernière somme est plus
forte que la première, on retranchera, au contraire, la somme
des logarithmes des numérateurs de celle des logarithmes des dénominateurs; le reste, *pris négativement*, sera le logarithme du
produit des deux fractions.

386. Le procédé à suivre *pour diviser un nombre entier par une
fraction, ou un nombre entier joint à une fraction par une fraction, en faisant usage des logarithmes*, consiste à ajouter au lo-

garithme du dividende le logarithme de la fraction diviseur, ce qui donne le logarithme du quotient.

Pour le démontrer, observons que diviser par une fraction n'est autre chose que multiplier par le dénominateur, et diviser ensuite par le numérateur (172). Donc, en opérant par logarithmes, il faut ajouter le logarithme du dénominateur et retrancher celui du numérateur, ou', ce qui est absolument la même chose, ajouter ce dont le logarithme du dénominateur, surpasse celui du numérateur, c'est-à-dire le logarithme de la fraction pris positivement.

387. Nous avons vu (172) que *pour diviser une fraction par une fraction*, il fallait renverser la fraction diviseur et multiplier la fraction dividende par la fraction diviseur ainsi renversée. Donc, *en opérant par logarithmes*, il faut, au logarithme du numérateur de la fraction dividende, ajouter celui du dénominateur de la fraction diviseur, et retrancher de cette somme celle du logarithme du dénominateur de la fraction dividende et du logarithme du numérateur de la fraction diviseur. On aura ainsi le le logarithme du quotient.

388. *Si l'on ajoutait une, deux, trois, etc. unités à la caractéristique du logarithme d'un nombre, le nombre correspondant à ce nouveau logarithme serait dix, cent, mille, etc. fois plus grand;* car ce serait ajouter à la caractéristique de ce logarithme, le logarithme de 10, de 100, de 1000, etc., ce qui donnerait le logarithme d'un nombre 10, 100, ou 1000, etc. de fois plus grand (373).

389. *Si on retranchait une, deux, trois, etc. unités de la caractéristique d'un logarithme, le nombre correspondant deviendrait dix, cent, ou mille, etc. fois plus petit;* puisque ce serait retrancher de la caractéristique de ce logarithme, le logarithme de 10, de 100, ou de 1000, etc., ce qui donnerait le logarithme d'un nombre 10, ou 100, ou 1000, etc. fois plus petit (378).

390. *Pour obtenir le logarithme d'un nombre entier suivi de décimales*, on cherchera le logarithme de ce nombre comme s'il n'avait pas de point décimal, et après l'avoir trouvé soit dans les tables, soit par la méthode que nous donnerons bientôt pour les nombres qui dépassent le plus grand de ceux qui se trouvent dans ces tables, on retranchera de la caractéristique de ce logarithme autant d'unités qu'il y avait de décimales dans le nombre proposé. Car, ayant considéré le nombre proposé comme s'il n'avait pas de point décimal, c'est-à-dire comme étant 10, 100, 1000, etc. fois plus grand qu'il n'est, suivant que ce nombre renferme un, ou

deux, ou trois, etc. chiffres décimaux, le logarithme correspondant appartient à un nombre 10, 100, 1000, etc. fois trop grand ; il faut donc retrancher de sa caractéristique, une, ou deux, ou trois etc. unités (389), c'est-à-dire autant qu'il y a de chiffres décimaux dans le nombre proposé.

391. Le procédé à suivre *pour obtenir le logratihme d'une fraction décimale* consiste à chercher dans les tables le logarithme de ce nombre, comme s'il n'avait pas de point décimal, à retrancher ce logarithme d'autant d'unités qu'il y de chiffres décimaux dans la fraction proposée, et à affecter le reste du signe *moins*.

Fondé sur ce principe, que pour avoir le logarithme d'une fraction, il faut retrancher le logarithme du numérateur de celui du dénominateur, et appliquer au reste le signe *moins*.

Mais pour entrer dans les détails de la démonstration, prenons un exemple, et soit proposé de trouver le logarithme de la fraction décimale 0 . 045, cette fraction égale $\dfrac{45}{1000}$; or, pour avoir le logarithme de $\dfrac{45}{1000}$, il faut (382) retrancher le logarithme de 45 de celui de 1000, et affecter le reste du signe — ; mais le logarithme de 1000 est 3, qui renferme autant d'unités qu'il y a de chiffres décimaux dans la fraction proposée.

Donc, en effet, etc.

392. Proposons-nous de *trouver la fraction qui correspond à un logarithme négatif?*

Pour résoudre ce problème, on fera abstraction du signe —, qui affecte le logarithme donné, on retranchera, suivant la règle ordinaire de la soustraction, ce logarithme d'autant d'unités que pourra le permettre l'étendue des tables ; on cherchera, dans celles-ci, à quel nombre correspond le logarithme restant, et on séparera, par le point décimal, sur la droite de ce nombre, autant de chiffres qu'il y a d'unités dans le nombre duquel on a retranché.

En effet, en retranchant, abstraction faite de son signe, de quatre unités, par exemple, le logarithme proposé, c'est comme si on ajoutait quatre unités, qui est le logarithme de 10000 (367), au logarithme proposé (103* et 112*); le résultat appartient donc à un nombre 10000 fois trop grand (373); il faut donc diviser par 10000 le nombre correspondant à ce résultat ; ce qui se fait en séparant sur la droite, par le point décimal, les quatre premiers chiffres (24), c'est-à-dire autant de chiffres décimaux qu'il y a d'unités dans le nombre duquel on a retranché le logarithme proposé, considéré abstraction faite de son signe.

393. *Un nombre qui dépasse les limites des tables que l'on a à sa disposition étant donné, trouver son logarithme.*

On séparera, par le point décimal, sur la droite de ce nombre, autant de chiffres qu'il sera nécessaire pour que la partie qui restera à gauche puisse se trouver dans les tables. On prendra la différence entre le logarithme de cette partie et celui du nombre entier immédiatement supérieur. On posera ensuite cette règle de trois :

Si pour une unité de différence entre ces deux nombres,

On a TELLE *différence entre leurs logarithmes,*

Combien, pour la partie séparée sur la droite, considérée comme fraction décimale,

Aura-t-on de différence entre le logarithme de la partie qui restait à gauche, et celui du même nombre, augmenté de la partie séparée sur la droite, considérée comme fraction décimale ?*

Ajoutant ce quatrième terme au logarithme de la partie qui restait à gauche, on aura le logarithme du nombre *préparé*. Maintenant, pour avoir le logarithme du nombre proposé, il faut ajouter à la caractéristique du logarithme obtenu, autant d'unités qu'on avait séparé de chiffres sur la droite; parce qu'ayant ainsi considéré le nombre comme étant 10, ou 100, ou 1000, etc., fois plus petit, le logarithme correspondant est celui d'un nombre 10, ou 100, ou 1000, etc., fois trop petit (388).

Si les chiffres séparés sur la droite étaient des zéros, la seule chose qu'il y aurait à faire après avoir trouvé dans les tables le logarithme de la partie qui reste à gauche, serait d'ajouter autant d'unités à la caractéristique, de ce logarithme, qu'on aurait séparé de zéros (388).

394. *Étant donné un logarithme qui dépasse les limites des tables que l'on a à sa disposition, trouver le nombre correspondant.*

Pour résoudre ce problème, on retranchera de la caractéristi-

---

* Cette proportion est fondée sur ce que lorsque les nombres sont grands, comme au-dessus de 1500 à 1600, leurs différences sont sensiblement proportionnelles aux différences de leurs logarithmes. En effet, on touve dans les tables calculées jusqu'à six décimales, que le logarithme de 2524 est 3.402089; que celui de 2525 est 3.402261, et que celui de 2526 est 3.402433. Or, la différence entre 2524 et 2525 est 1 et celle de leurs logarithmes est 0.000172. De même la différence entre 2525 et 2526 est 1, et celles de leurs logarithmes est 0.000172. Donc, 1 : 1 :: 0.000172 : 0.000172.

que du logarithme donné, autant d'unités qu'il sera nécessaire pour que les premiers chiffres du logarithme ainsi préparé, puissent se trouver dans les tables. On prendra la différence entre les logarithmes des nombres entre lesquels il tombe ; on prendra, en outre, la différence entre le logarithme préparé et celui du plus petit nombre, on fera ensuite cette règle de trois :

Si...... différence entre les logarithmes des nombres entre lesquels tombe le logarithme préparé,

Correspond à une unité de différence entre ces nombres,

A quelle différence de nombres doit correspondre la différence entre le logarithme préparé et celui du plus petit nombre * ?*

Ce quatrième terme, qui sera uue fraction, étant ajouté au plus petit nombre, donnera le nombre correspondant au logarithme préparé. Il ne s'agira plus, pour avoir le nombre correspondant au logarithme proposé, que d'écrire sur la droite du nombre obtenu, autant de zéros qu'il a été retranché d'unités de la caractéristique du logarithme proposé.

En effet, si l'on retranche une, deux, ou trois, etc., unités de la caractéristique du logarithme proposé, le nouveau logarithme sera celui d'un nombre 10, ou 100, ou 1000, etc., fois plus petit (389); il faut donc rendre ce nombre 10, ou 100, ou 1000, etc., fois plus grand, ce qui se fait en écrivant un, ou deux, ou trois, etc., zéros à sa droite (13), c'est-à-dire autant qu'on a retranché d'unités de la caractéristique du logarithme proposé.

Si ce logarithme proposé tombait entre ceux des tables, il n'y aurait point d'unités à retrancher de sa caractéristique, et par conséquent point de zéros à écrire à la droite de la quantité que nous déterminerions par la même règle de trois que précédemment.

Si tous les chiffres du logarithme préparé se trouvaient dans les tables, le nombre cherché serait le nombre même qu'on trouverait lui correspondre, mais en écrivant à sa droite autant de zéros qu'on aurait retranché d'unités de la caractéristique, parce que si on a retranché deux unités, par exemple, de la caractéristique du logarithme proposé, ce logarithme est celui d'un nombre cent fois trop petit (389), il faut donc rendre le nombre qui lui correspond cent fois plus grand, ce qui se fait en écrivant deux

* Cette proportion étant la proportion renversée du numéro précédent, se justifie comme nous l'avons fait pour celle-ci.(Voyez note du numéro précédent).

zéros à sa droite (13), c'est-à-dire autant qu'on aurait retranché d'unités de la caractéristique du logarithme proposé.

395. *Si l'on se proposait de trouver le quotient d'une division par approximation, en employant les logarithmes*, il faudrait retrancher du logarithme du dividende celui du diviseur, chercher dans les tables le logarithme restant avec une, ou deux, ou trois, etc. unités de plus à sa caractéristique, selon qu'on se proposerait d'avoir le quotient à moins d'un dixième, d'un centième, d'un millième, etc. d'unité près, et séparer, par le point décimal, sur la droite du nombre correspondant, autant de chiffres qu'on avait supposé d'unités de plus à la caractéristique du logarithme restant (388).

396. *Pour extraire, par approximation, en employant les logarithmes, une racine d'un degré quelconque d'un nombre*, il faut diviser le logarithme de ce nombre par le nombre qui indique le degré de la racine qu'on se propose d'extraire; chercher, à l'aide des tables, le logarithme du quotient avec une, ou deux, ou trois, etc. unités de plus à la caractéristique, selon qu'on se proposera d'avoir une racine approchée à moins d'un dixième, d'un centième, d'un millième, etc. d'unité près, et séparer, par le point décimal, sur la droite du nombre correspondant, autant de chiffres qu'on avait supposé d'unités de plus à la caractéristique du logarithme obtenu au quotient.

DES COMPLÉMENTS ARITHMÉTIQUES.

397. On appelle *complément arithmétique d'un nombre* entier ou décimal, ce qui reste lorsqu'on a retranché ce nombre de l'unité suivie d'autant de zéros qu'il y a de chiffres dans ce même nombre.

D'après cette définition on voit que, pour obtenir le complément arithmétique d'un nombre, il faut retrancher le premier chiffre de la droite de ce nombre, de 10, et chacun des autres chiffres de 9.

On trouvera ainsi que le complément arithmétique de 37 est 63, que celui de 6.276 est 3.724.

398. A l'aide des compléments arithmétiques on change les soustractions en additions; en sorte qu'en opérant par logarithmes et employant les compléments arithmétiques, les multiplications et les divisions se changent en de simples additions, ce qui est d'une

grande utilité pour abréger la longueur des calculs appliqués à la résolution des triangles rectilignes et sphériques.

399. Proposons-nous de *retrancher un nombre d'un autre, en employant les compléments arithmétiques ?*

SOLUTION : On ajoutera au nombre dont on veut retrancher, le complément arithmétique du nombre à soustraire, et on retranchera de cette somme l'unité suivie d'autant de zéros qu'il y a de chiffres dans le nombre qu'il s'agit de soustraire.

En effet, puisqu'au lieu de retrancher le nombre à soustraire, on ajoute son complément arithmétique, il est évident qu'on opère la soustraction, et que l'on fait en même temps, sur le résultat, une augmentation de l'unité suivie d'autant de zéros qu'il y a de chiffres dans le nombre à soustraire. Il faut donc, pour compenser, ôter du résultat autant de zéros qu'il y a de chiffres dans le nombre à soustraire. Donc, etc.

400. *Si l'on avait deux, trois ou plusieurs autres nombres, à retrancher d'un, de deux, ou de plusieurs autres nombres en employant les compléments arithmétiques*, il faudrait prendre en particulier le complément arithmétique de chacun des nombres qu'il s'agit de soustraire, ajouter ces compléments à la somme des nombres dont on veut soustraire, puis ôter du résultat l'unité suivie d'autant de zéros qu'il y aurait de chiffres dans le premier des nombres à soustraire ; plus, l'unité suivie d'autant de zéros qu'il y aurait de chiffres dans le second ; plus, l'unité suivie d'autant de zéros qu'il y aurait de chiffres dans le troisième, et ainsi de suite.

DÉMONSTRATION. En ajoutant à la somme des nombres desquels on veut retrancher les compléments arithmétiques des nombres à soustraire, nous effectuons les soustractions prescrites, mais nous faisons en même temps une augmentation de l'unité suivie d'autant de zéros qu'il y a de chiffres dans le premier des nombres à soustraire ; plus, de l'unité suivie d'autant de zéros qu'il y a de chiffres dans le second ; plus, de l'unité suivie d'autant de zéros qu'il y a de chiffres dans le troisième des nombres à soustraire, et ainsi de suite ; il faut donc, pour compenser, ôter du résultat : 1° l'unité suivie d'autant de zéros qu'il y a de chiffres dans le premier des nombres à soustraire ; 2° l'unité suivie d'autant de zéros qu'il y a de chiffres dans le second de ces nombres ; 3° l'unité suivie d'autant de zéros qu'il y a de chiffres dans le troisième de ces nombres, et ainsi de suite.

Applications.

401. **Nous avons vu** (379) que *pour trouver le quatrième terme d'une proportion par quotient*, en employant les logarithmes, il fallait, de la somme des logarithmes des deux termes moyens, retrancher le logarithme de l'extrême connu, ce qui donne pour reste le logarithme du quatrième terme. Donc, *en employant les compléments arithmétiques*, il faut, à la somme des logarithmes des moyens, ajouter le complément arithmétique du logarithme de l'extrême connu, et retrancher une unité de la caractéristique de la somme, ce qui donnera le logarithme du quatrième terme.

402. *Si les trois premiers termes de la proportion étaient des fractions*, l'opération se réduirait à renverser la fraction qui en est le premier terme, à faire une somme des logarithmes des numérateurs, et des compléments arithmétiques des logarithmes des dénominateurs, et à retrancher trois unités du chiffre de la caractéristique qui exprime les unités de l'espèce la plus grande.

NOTES.

NOTE I QUI SE RAPPORTE AU N° 11.

Des divers systèmes de numération.

403*. Ce n'est pas seulement avec les dix caractères que nous avons désignés sous le nom commun de *chiffres*, que l'on peut représenter tous les nombres ; on peut encore parvenir au même but avec moins, ou avec plus de caractères.

404*. Dans ces *systèmes différents* de numération, la *base* du système est le nombre de chiffres dont on fait usage. Dans le système vulgaire, la base est dix, parce qu'on se sert de dix caractères. Quelque soit le système que l'on adopte, si nous désignons sa base par b, chaque chiffre placé à la gauche d'un autre représentera des unités b fois plus grandes. C'est ainsi que, dans le système décuple, le chiffre qui est à la gauche des unités simples, représente des unités dix fois plus grandes. On donne aux unités simples le nom d'*unités du premier ordre*; et on appelle *unités du second ordre* celles qui sont immédiatement a gauche; *unités du troisième ordre* celles qui sont immédiatement à gauche des unités du second ordre, et ainsi de suite. D'après cela, il faudra b unités du premier ordre pour former une seule unité du second ordre, b unités du second ordre pour former une unité du troisième ordre, etc.

405*. C'est ainsi que dans le nombre $m\ n\ p\ q\ r$ dans lequel r représente les unités du premier ordre,

Le chiffre m du 5ᵉ ordre représente $m \times b \times b \times b \times b$ ou $m \times b^4$ unités

Celui $\quad n$ du 4ᵉ ordre $\qquad\qquad n \times b \times b \times b$ ou $n \times b^3$ id.

Celui $\quad p$ du 3ᵉ ordre $\qquad\qquad\qquad p \times b \times b$ ou $p \times b^2$ id.

Celui $\quad q$ du 2ᵉ ordre $\qquad\qquad\qquad\qquad q \times b$ id.

et le chiffre r du 1ᵉʳ ordre représente $\qquad\qquad r \quad$ unités.

406*. Et, en général, un chiffre quelconque représente autant d'unités qu'il y en a dans la valeur de ce chiffre, considéré comme représentant des unités simples, multiplié par la puissance de la base indiquée par le nombre des chiffres qui le suivent.

Ainsi en réunissant les valeurs des parties respectives du nombre $m\,n\,p\,q\,r$, on a

$$m\;n\;p\;q\;r = m.b^4 + n.b^3 + p.b^2 + q.b + r.$$

Telle est la manière d'exprimer en chiffres, un nombre entier dans un système quelconque dont la base est b. D'après cela, si on demandait la valeur du nombre 8427 dans le système décuple, dont la base est 10, aurait

$$8427 = 8 \times 1000 + 4 \times 100 + 2 \times 10 + 7 = 8000 + 400 + 20 + 7$$
$$= 8427, \text{ ee qui est évident.}$$

407*. De même, 8427 écrit dans le système dont la base est 9 et dont les chiffres sont 0, 1, 2, 3, 4, 5, 6, 7, 8, exprime

$$8 \times 9^3 + 4 \times 9^2 + 2 \times 9 + 7 = 8 \times 729 + 4 \times 81 + 2 \times 9 + 7 = 5832$$
$$+ 324 + 18 + 7 = 6181, \text{ dans le système dont la base est dix.}$$

408*. Maintenant, un nombre 6181 étant donné dans le système décuple, proposons-nous de le traduire dans le système dont la base est 9?

Puisqu'il faut 9 unités du premier ordre du second système, pour former une unité du second ordre de ce système, autant de fois 9 sera contenu dans 6181, autant il y aura, dans ce nombre, d'unités du second ordre dans le second système; or, en divisant 6181 par 9, on trouve 686 au quotient, et 7 pour reste; donc 6181 écrit dans le système dont la base est 10 contient 7 unités du premier ordre, et 686 unités du second ordre dans le système dont la base est 9. Maintenant, autant de fois cette base 9 sera contenue dans le nombre 686 des unités du second ordre, dans le second système, autant il y aura d'unités du troisième ordre dans ce même système; or, en divisant 686 par 9, on trouve au quotient 76, et 2 pour reste. Donc, les 686 unités du second ordre, font 2 unités de ce second ordre, et 76 unités du troisième ordre. Mais en divisant les 76 unités du troisième ordre par 9, on trouve au quotient 8 unités du quatrième ordre, et il reste 4 unités du troisième. Donc le nombre 6181 donné dans le système décuple, contient, dans le système dont la base et 9, 7 unités du premier ordre, 2 unités second ordre, 4 unités du troisième ordre, et 8 unités du quatrième ordre. De manière qu'il est représenté par 8427 dans le système dont la base est 9.

409*. Ainsi, la règle générale pour traduire un nombre du système décuple, dans tout autre système dont la base est b, consiste à *diviser le nombre proposé écrit dans le système donné, par la base du nouveau système; le reste donnera les unités du pre-*

mier ordre dans ce second système; diviser ensuite le quotient par la même base, le reste donnera les unités du second ordre dans le nouveau système; diviser le second quotient par la même base, le reste exprimera le nombre d'unités du troisième ordre du nouveau système, et ainsi de suite.

410*. Maintenant, le nombre 8427, écrit dans un système donné, dont la base est 9, on le traduirait dans le système décuple par le procédé du n° 407*.

Ceci suppose que la base du nouveau système ne dépasse pas dix. Si elle dépassait dix, il faudrait faire intervenir d'autres caractères pour représenter dix, onze, douze, etc., de manière que le dernier représentât autant d'unités moins une qu'il y en a dans le nombre qui exprime la base. Mais au lieu d'employer de nouveaux caractères rien n'empêchera de se servir des notations auxquelles on est familiarisé dans le système décuple de numération, et à employer les notations [10], [11], [12], [13], [14], etc. pour représenter les caractères destinés à indiquer les chiffres qui auraient pour valeurs dix, onze, douze, treize, quatorze, etc. unités du premier ordre.

411*. Sachant, comme nous l'avons indiqué, traduire un nombre du système décuple dans un autre système, et réciproquement il ne reste plus qu'à *indiquer comment, un nombre étant donné dans un système quelconque, on le traduira dans tout autre système aussi quelconque.*

On traduira d'abord le nombre donné dans le système décuple, comme il a été dit (407*), puis de ce système dans l'autre système proposé ainsi que cela a été enseigné (408* et 409*).

Par exemple, si l'on proposait de transporter le nombre 2301, du système quaternaire, dans le système octenaire, on le transporterait d'abord dans le système décuple, ce qui donnerait (407),

$$2 \times 4^3 + 3 \times 4^2 + 0 \times 4 + 1 = 2 \times 64 + 3 \times 16 + 0 + 1 = 128 + 48 + 1 = 177.$$

Traduisant ensuite ce nombre 177 dans le système octenaire, ainsi que cela a été enseigné (409*), on trouve 261.

Réciproquement, le nombre 261 écrit dans le système octenaire, étant traduit dans le système décuple, devient

$$2 \times 8^2 + 6 \times 8 + 1 = 128 + 48 + 1 = 177.$$

Transporté dans le système quaternaire, ce dernier nombre devient 2301, et l'on retrouve ainsi le nombre proposé.

412*. On voit, d'après ce qui précède, que quelque soit le sys-

tème de numération que l'on adopte; 10 représentera toujours
une unité du second ordre ; 100 représentera une unité du troisième ordre; 1000 une unité du quatrième ordre; etc. Ainsi, dans
le système dans lequel on se servirait des six chiffres 0, 1, 2, 3,
4, 5, le nombre 10 n'exprimerait que 5 unités plus une ou six
unités; 100 n'exprimerait que six sixaines ou trente-six unités;
1000 n'exprimerait que six fois trente-six, ou deux cent seize, et
ainsi de suite. D'où l'on voit qu'il y aurait du désavantage à employer moins de dix caractères en ce qu'alors, avec un plus grand
nombre de chiffres, on n'exprimerait néanmoins que de plus petits nombres qu'on ne pourrait le faire dans le système décuple.

Dans le système dont la base serait quinze, par exemple, 10
exprimerait une unité du second ordre ou [15] unités du premier
ordre; 100 en représenterait $[15] \times [15]$ ou 225; 1000 en représenterait $225 \times [15]$ ou 3375, et ainsi de suite; de manière qu'avec
le même nombre de caractères on exprimerait des nombres plus
grands qu'en se servant de dix caractères seulement. Mais un tel
système, dont la base est quinze, aurait cet inconvénient qu'il
faudrait retenir tous les produits du nombre 15 par chacun des
nombres 15, 14, 13, 12, etc. jusqu'à l'unité, et donner des noms
aux diverses puissances du nombre 15.

Il résulte de cet examen que le système décuple usuel est préférable à tout autre.

413*. Mais quelque soit celui dont on voudra faire usage, les
méthodes de calcul précédemment exposées seront les mêmes,
pourvu qu'on ait continuellement présent à l'esprit quel est, dans
le système que l'on aurait choisi, le nombre d'unités d'un ordre
quelconque nécessaire pour former une unité de l'ordre immédiatement supérieur; et que l'on se sera formé une table des produits successifs de ce nombre diminué d'une unité, par ce même
nombre diminué consécutivement d'une unité.

NOTE II QUI SE RAPPORTE AU N° 149.

Des fractions continues.

414*. On désigne sous la dénomination de *fraction continue*
toute expression de calcul dans laquelle l'unité est divisée par un
nombre entier, plus une fraction ayant elle-même pour numéra-

teur l'unité, et dont le dénominateur serait un nombre entier, plus une fraction, et ainsi de suite.

Soit la fraction $\dfrac{23}{63}$. Si l'on cherche le plus grand commun diviseur entre ses deux termes on trouvera l'unité, ce qui apprend que cette fraction est *irréductible*. Voyons s'il ne serait pas un moyen de trouver des fractions plus simples dont les valeurs approcheraient de celle de la proposée.

Si nous divisons les deux termes de cette fraction par son numérateur, nous n'en changerons pas la valeur, et nous aurons

$$\frac{25}{63} = \frac{1}{\frac{63}{25}} = \frac{1}{2+\frac{13}{25}}.$$

Si nous prenons $\dfrac{1}{2}$ pour valeur de la fraction proposée, $\dfrac{1}{2}$ sera trop grand puisque nous diminuons le dénominateur; mais $\dfrac{1}{3}$ sera trop petit puisque nous augmentons ce dénominateur. Donc déjà nous savons que $\dfrac{25}{63}$ est comprise entre $\dfrac{1}{2}$ et $\dfrac{1}{3}$.

Maintenant si nous divisons les deux termes de la fraction $\dfrac{13}{25}$ par son numérateur, nous aurons

$$\frac{13}{25} = \frac{1}{\frac{25}{13}} = \frac{1}{1+\frac{12}{13}}.$$

Substituant cette valeur dans l'expression de celle de $\dfrac{25}{63}$, nous aurons

$$\frac{25}{63} = \cfrac{1}{2+\cfrac{1}{1+\cfrac{12}{13}}};$$

Si nous négligeons $\dfrac{12}{13}$, nous aurons $\cfrac{1}{2+\cfrac{1}{1}} = \dfrac{1}{3}$ pour valeur approchée de $\dfrac{25}{63}$; et nous voyons, ainsi que cela avait été reconnu plus haut que $\frac{1}{3}$ est trop petite. Mais, si nous prenons $\cfrac{1}{2+\cfrac{1}{1+1}} = \cfrac{1}{2+\cfrac{1}{2}} = \frac{2}{5}$,

cette fraction $\frac{2}{5}$ sera trop grande. Par conséquent $\frac{25}{63}$ est comprise en-

tre $\frac{1}{3}$ et $\frac{2}{5}$.

A présent, si nous divisons les deux termes de la fraction $\frac{12}{13}$,

par son numérateur, nous aurons

$$\frac{12}{13} = \cfrac{1}{\cfrac{13}{12}} = \cfrac{1}{1+\cfrac{1}{12}},$$ et en substituant cette dernière valeur

de $\frac{12}{13}$ dans la dernière valeur de $\frac{25}{63}$, on a enfin

$$\frac{25}{63} = \cfrac{1}{2+\cfrac{1}{1+\cfrac{1}{1+\cfrac{1}{12}}}}.$$

Si nous nous bornons à la première approximation $\frac{1}{2}$, la propo-

sée sera plus petite; mais si nous allons à la deuxième approxima-

tion $\cfrac{1}{2+\cfrac{1}{1}} = \frac{1}{3}$ elle sera plus grande; poussant jusqu'à la troi-

sième approximation $\cfrac{1}{2+\cfrac{1}{1+\cfrac{1}{1}}} = \frac{2}{5}$ la proposée sera plus petite.

Enfin la quatrième approximation nous ramène à la proposée,
de telle manière qu'à fur et à mesure que nous prenons un plus
grand nombre de termes nous approchons ainsi de plus en plus
de la vraie valeur de la fraction proposée. Car, cette fraction dif-

fère moins de $\frac{1}{3}$ que de $\frac{1}{2}$; moins de $\frac{2}{5}$ que de $\frac{1}{3}$.

Ainsi $\frac{2}{5}$ est la valeur la plus approchée de la fraction $\frac{25}{63}$, déduite de la *fraction continue* $\cfrac{1}{2+\cfrac{1}{1+\cfrac{1}{1+\cfrac{1}{12}}}}$

On vient de voir comment on peut remonter *d'une fraction continue* à la valeur approchée, ou à la vraie valeur de la fraction qui la représente. C'est ainsi que l'on applique les fractions continues à la *simplification* des fractions irréductibles.

NOTE III, SUR LA GÉNÉRATION DES LOGARITHMES.

415*. Soit a un nombre quelconque invariable, x l'exposant de la puissance à laquelle il faut élever ce nombre pour reproduire un autre nombre y; on aura

$$a^x = y.$$

L'exposant x est ce qu'on appelle le logarithme de y. Le nombre représenté par a est appelé la *base* du système de logarithmes. Dans le système de logarithmes généralement en usage la base

$$a = 10.$$

De manière que la recherche du logarithme d'un nombre quelconque y, se réduit à la détermination de la valeur de x. Soit, par exemple, 100 le nombre dont on veut trouver le logarithme dans le système dont la base est 10; alors $a = 10$, $y = 100$, et l'équation précédente devient

$$10^x = 100;$$

Or, pour qu'il y ait équation, il faut que $x = 2$; car, en élevant 10 à toute autre puissance que la seconde, on ne pourra reproduire le nombre 100. Ainsi dans notre système de logarithmes, le logarithme du nombre 100 est 2. La valeur de x n'est pas toujours aussi aisée à déterminer quand il s'agit d'avoir le logarithme de tout autre nombre que 100 : cette détermination tient à

la résolution de l'équation $a^x = y$; mais le calcul différentiel donne des méthodes plus expéditives encore, pour trouver le logarithme x d'un nombre quelconque y.

416*. Nous avons la relation $a^x = y$.

Si dans cette équation nous changeons y en un autre nombre y'

la valeur de x se changera nécessairement en une autre que nous appellerons x', et nous aurons

$$a^{x'} = y'.$$

Si nous multiplions ces deux équations membre à membre, nous aurons (63 et 71)

$$a^{x+x'} = y \times y'.$$

Donc, *lorsqu'on ajoute les logarithmes* x, x' *de deux nombres* y, y', *on a le logarithme* $x + x'$ *du produit* $y \times y'$ *de ces deux nombres.*

417*. Si nous divisons les deux équations proposées membre à membre, nous aurons (96*)

$$a^{x-x'} = \frac{y}{y'}.$$

Donc, *lorsqu'on prend la différence des logarithmes de deux nombres* y, y', *on a le logarithme* $x - x'$ *du quotient* $\dfrac{y}{y'}$ *de ces deux nombres.*

418*. Si nous élevons les deux membres de l'équation

$$a^{x} = y$$

à une puissance quelconque p, nous aurons (63)

$$a^{px} = y^{p}.$$

Ce qui apprend que *en multipliant par* p *le logarithme* x *d'un nombre quelconque* y, *on a le logarithme* px *de la puissance* p *de ce nombre* y.

419*. Extrayant, au contraire, la racine r des deux nombres de l'équation fondamentale, on a

$$a^{\frac{x}{r}} = \sqrt[r]{y}$$

Ainsi, *en divisant par* r *le logarithme* x *d'un nombre quelcon-que* y, *on a le logarithme* $\dfrac{x}{r}$ *de la racine du degré* r *de ce nombre* y.

420*. x étant le logarithme du nombre y dans le système dont la base est a, on a (415*).

$$a^{x} = y.$$

X étant le logarithme du même nombre y dans le système dont la base est B, on a

$$B^{X} = y.$$

Égalant ces deux valeurs de y, il vient

$$a^x = B^X.$$

Prenant les logarithmes des deux membres de cette équation dans le système dont la base est a, on a (418*)

$$\text{Log } a^x = X \times \text{Log B}.$$

Mais de l'équation $a^x = y$, on déduit

$$\text{Log } a^x = \text{Log } y.$$

Donc $\text{Log } y = X \times \text{Log B}$;
d'où en dégageant X, on a enfin

$$X = \frac{\text{Log } y}{\text{Log B}}.$$

Équation qui apprend que *pour trouver le logarithme X, d'un nombre y , dans un système dont la base est B, connaissant le logarithme du même nombre dans tout autre système dont la base est a , il faut diviser ce dernier logarithme par le logarithme de la base B, pris dans le système dont la base est a.*

On voit, d'après ce qui précède, avec quelle facilité on peut déduire de l'équation $a^x = y$, les propriétés générales des logarithmes, et comment on peut en déduire encore le moyen de passer aisément d'un système de logarithmes, à un autre système.

421. Nous avons déjà fait comprendre que le calcul du logarithme d'un nombre pouvait se réduire à trouver la valeur de x dans l'équation $a^x = y$. Mais il peut se faire que l'on ait besoin de retrouver les logarithmes de quelques nombres qu'un accident de voyage aurait effacés des tables, et que la personne appelée à en faire usage ne sache pas se servir de l'équation précitée ; c'est pourquoi nous croyons devoir présenter une méthode qui n'exigera d'autre travail que d'extraire des racines carrées.

Soit proposé, pour exemple, de calculer le logarithme de 2?

On insérera entre 1 et 10 un seul moyen géométrique m, en posant $1 : m :: m : 10$; d'où $m^2 = \sqrt{10}$; d'où encore $m = \sqrt{10}$. La racine carrée de 10, calculée jusqu'au douzième chiffre décimal, est 3.162277818282.

On insérera de même un moyen géométrique entre 1 et celui qu'on vient de trouver : il est 1.778279. On en insérera un autre entre celui-ci qui est plus petit que 2 et le précédent qui est plus grand que 2, et on trouvera 2.371795. On insérera ensuite un autre moyen entre ce dernier qui est plus grand que 2, et le précédent qui est plus petit, et l'on continuera ainsi jusqu'à ce qu'on en ait trouvé un qui ne diffère du nombre 2 que dans le septième ordre de décimales.

Cela fait, on insérera un moyen arithmétique entre 0 et 1, qui sera 0.50; on en insérera un autre 0.25, entre 0 et 0.50; un autre 0.375, entre ces deux-ci; et l'on continuera ainsi d'insérer successivement un moyen entre les moyens arithmétiques correspondans aux moyens géométriques entre lesquels s'est trouvé compris le nombre 2; ce qui, en faisant connaître le logarithme du nombre le plus approchant de 2, pourra être pris pour celui de ce dernier nombre. C'est ainsi que l'on trouvera que le logarithme de 2 est 0.3010299.

On pourra ainsi calculer les logarithmes de tous les autres nombres entiers. Mais il ne sera pas nécessaire de se livrer à tout ce travail : il suffira de calculer les logarithmes des nombres premiers, parce que, avec ceux-ci, il sera aisé de trouver ceux des autres nombres.

En effet, en doublant le logarithme de 2 on a celui de 4 (373); le logarithme de 2 ajouté à ceux de 3 et de 4, donne les logarithmes de 6 et de 8, et ainsi de suite.

QUESTIONS D'ARITHMÉTIQUE.

Nota. L'astérisque * indique les propositions qui ne sont pas exigées dans un examen sur l'arithmétique; l'élève qui ne voudra savoir que cette science pourra les passer sans inconvénient.

DÉFINITIONS.

1. Qu'est-ce qu'on appelle en général *quantité*?
2. Qu'est-ce que l'*unité*?
3. Qu'est-ce qu'un *nombre*?
Combien distingue-t-on d'espèces de nombres?
4. Qu'est-ce qu'un *nombre entier*?
5. Qu'est ce qu'un *nombre fractionnaire*?
6. Qu'est-ce qu'on entend par *fractions*?

7. Qu'est-ce qu'un *nombre abstrait* ?
8. Qu'est-ce qu'un *nombre concret* ?
Une fraction peut-elle être abstraite, ou concrète ?
9. Qu'est-ce que l'*arithmétique* ?
Quel est le but de cette science ?

DE LA NUMÉRATION.

10. Qu'est-ce que la *numération* ?
Dans le système usuel de numération de combien de caractères se sert-on, et quels sont-ils ?
Quel nom commun portent ces dix caractères ?
11. Comment, avec ces dix caractères, peut-on exprimer tous les nombres entiers ?
Quelles sont les différentes manières de rendre un même nombre ?
12. Lorsqu'un nombre renferme beaucoup de chiffres , comment le partage-t-on ?
Quels sont les noms de ces différentes tranches ?
13. Quel changement éprouve un nombre entier lorsqu'on écrit 1, 2, 3, etc., zéros à sa droite ?
14. Lorsqu'on supprime 1, 2, 3, etc., zéros de la droite d'un nombre entier, quel changement éprouve ce nombre ?
15. Comment avec les dix caractères appelés *chiffres*, peut-on exprimer toutes les quantités de dix en dix fois plus petites que l'unité ?
16. Qu'est-ce que les *décimales* ?
17. Comment écrit-on une quantité décimale lorsqu'on n'a pas d'unités entières ?
18. Comment énonce-t-on un nombre décimal ?
19. Quels changements éprouve un nombre décimal lorsqu'on recule le point décimal d'une, deux, trois, etc., places vers la droite, et comment le prouve-t-on ?
20. Si on avançait le point décimal d'une, deux, trois, etc., places vers la gauche, quel changement éprouverait le nombre décimal ?
21. Quel changement éprouve une quantité décimale lorsqu'on écrit un, ou plusieurs zéros, à la droite ?
22. Quel changement éprouve une quantité décimale de la droite de laquelle on supprime un, ou plusieurs zéros ?
23. Si l'on supprimait le point décimal dans un nombre qui aurait un, deux, trois, etc., chiffres décimaux, quel changement éprouverait ce nombre ?
24. Si l'on séparait, par le point décimal, un, ou deux, ou trois, etc., chiffres de la droite d'un nombre entier, quel changement éprouverait ce nombre ?

DES OPÉRATIONS DE L'ARITHMÉTIQUE.

25. Qu'est-ce que l'*addition* ?
Comment s'appelle le résultat de l'addition ?
26. Comment fait-on l'addition des nombres entiers ?
Comment voit-on qu'on obtient par ce procédé la somme des nombres proposés ?
27. Lorsqu'il y a des décimales dans les nombres qu'il s'agit d'ajouter , comment fait-on l'opération ?

28. Lorsqu'on ne veut qu'*indiquer* une addition par quel signe sépare-t-on les nombres proposés?

29. Qu'est-ce que la *soustraction?*

Comment appelle-t-on le résultat de la soustraction?

30. Comment fait-on la soustraction des nombres entiers?

Comment voit-on que par cette manière d'opérer on obtient ce dont le plus grand nombre excède le plus petit?

31. Si quelques-uns des chiffres du nombre inférieur ne pouvaient pas être retranchés de leurs correspondants supérieurs, comment opérerait-on?

32. Comment fait-on la soustraction lorsqu'il y a des parties décimales?

33. Lorsqu'on ne veut qu'indiquer une soustraction au lieu de l'effectuer, quel signe interpose-t-on entre les deux nombres?

34. Qu'est-ce qu'on appelle *preuve d'une opération?*

35. Comment fait-on la preuve de l'addition?

36. Pourquoi, lorsqu'après avoir épuisé toutes les colonnes, il ne reste rien, est-on sûr de l'exactitude de la première opération?

Pourquoi, s'il restait quelque chose, la somme primitive ne serait-elle pas celle des nombres proposés?

37. Comment se fait la preuve de la soustraction? et comment justifie-t-on ce procédé?

38. Qu'est-ce que la *multiplication?*

39. Comment s'appellent le nombre que l'on multiplie et celui par lequel on multiplie?

40. Comment s'appelle le résultat de la multiplication?

41. Comment s'appellent le multiplicande et le multiplicateur d'un nom commun?

42. Qu'indique le multiplicateur?

43. De quelle espèce doivent toujours être les unités du produit d'une multiplication, et pourquoi?

44. Pourquoi la multiplication d'un nombre exprimé par un seul chiffre, par un autre nombre ne renfermant aussi qu'un seul chiffre, n'a-t-elle pas besoin de règle?

45. Quelle est la règle à suivre pour faire une multiplication de nombres entiers, lorsque les deux facteurs renferment plusieurs chiffres?

Lorsqu'on multiplie par le second, le troisième, le quatrième, etc., chiffres du multiplicateur, c'est-à-dire, par le chiffre des dixaines, ou des centaines, ou des milles, etc., de quelle espèce doivent-être les unités du produit, et comment le prouve-t-on?

Comment voit-on que par cette manière d'opérer on répète le multiplicande autant de fois qu'il y a d'unités dans le multiplicateur?

Lorsque au lieu d'*effectuer* une multiplication on ne veut que l'*indiquer* de quel signe se sert-on?

46. Si l'on rendait le multiplicande un certain nombre de fois plus grand, quel changement éprouverait le produit, et comment le prouve-t-on?

47. Si l'on rendait le multiplicateur un certain nombre de fois plus grand, quel changement éprouverait le produit?

48. Que résulte-t-il des deux derniers principes?

49. Si l'on rendait le multiplicande un certain nombre de fois plus petit, quel changement éprouverait le produit?

50. Si l'on rendait le multiplicateur un certain nombre de fois plus petit, quel changement éprouverait le produit?

51. Comment peut-on abréger l'opération lorsque le multiplicande, ou le

multiplicateur, ou tous les deux sont terminés par des zéros, et comment le prouve-t-on?

52. Quelle attention faut-il avoir lorsqu'il se trouve des zéros entre les chiffres du multiplicateur?

53. Comment voit-on que dans toute multiplication de nombres entiers abstraits, ou peut prendre indifféremment le multiplicande pour le multiplicateur, ou le multiplicateur pour le multiplicande?

54. Comment fait-on la multiplication lorsqu'il y a des parties décimales?

Comment voit-on qu'il faut séparer sur la droite du produit autant de chiffres décimaux qu'il y en a dans les deux facteurs?

55. Comment voit-on que c'est multiplier un produit de deux facteurs décimaux et aussi de deux facteurs quelconques par un nombre N, que de multiplier l'un de ses facteurs par ce nombre N?

56. Comment prouve-t-on que dans quelqu'ordre qu'on multiplie deux facteurs abstaits quelconques, on obtiendra toujours le même produit?

57. Comment prouve-t-on que dans quelqu'ordre qu'on multiplie un nombre quelconque de facteurs abstraits, on obtient toujours le même produit?

58 *. Si dans une multiplication on augmentait le multiplicateur d'une, deux, trois, etc., unités, quel changement éprouverait le produit?

59 *. Si on augmentait le multiplicande d'une, deux, trois, etc., unités, quel changement éprouverait le produit?

60 *. Si on augmentait le multiplicande et le multiplicateur chacun d'une unité quel changement éprouverait le produit?

En général, si on ajoutait un certain nombre d'unités au multiplicande, et un nombre quelconque au multiplicateur, quel changement éprouverait le produit?

61. Comment indiquerait-on la multiplication de a par b? celle de $a+b$ par c? celle de $a+b-c$ par $d-f$?

Qu'est-ce qu'un *coëfficient*? et qu'indique-t-il?

62. Comment fait-on la multiplication des quantités littérales affectées de coëfficients?

63. Quand est-ce qu'un produit prend le nom de *puissance* d'une quantité?

Qu'est-ce qu'on appelle *exposant*?

IDÉE DES ÉQUATIONS. — DE LA DIVISION.

64. Comment indique-t-on qu'il y a égalité entre deux quantités?

Qu'est-ce qu'une *équation*?

Qu'est-ce que le *premier membre* et le *second membre* de l'équation?

Qu'est-ce qu'on appelle *termes* de l'équation?

65. D'où vient que l'on peut, sans altérer une équation, multiplier chacun des termes, ou les deux membres de l'équation, par un nombre quelconque?

66. Si on ajoutait aux deux membres de l'équation, ou si on en retranchait une même quantité, y aurait-il équation, et pourquoi?

67. Quelle est la règle à suivre pour *transposer* un terme d'un membre d'une équation dans l'autre membre, et quelle en est la raison?

68. Quand est-ce qu'une équation est *résolue*?

69. D'où vient qu'en ajoutant deux équations, membre à membre, les sommes sont aussi en équation?

70. D'où vient qu'il en est de même, quand on retranche deux équations membre à membre?

71. Comment prouve-t-on qu'en multipliant deux équations membre à membre, les produits sont aussi en équation.

72. En quoi consiste la *division*?

73. Qu'est-ce que le *dividende*, le *diviseur*, et le *quotient*?

74. Qu'est-ce que c'est donc que le *quotient*?

Comment peut-on définir la division?

En quoi consiste l'art de faire la division des nombres entiers?

75. Quelle est la règle à suivre pour diviser un nombre entier par un autre nombre entier? Si quelques-uns des dividendes partiels ne contenaient pas le diviseur, que faudrait-il faire?

76. Comment voit-on que, d'après cette manière d'opérer, les chiffres écrits successivement au quotient, représentent des unités absolument de même espèce que celles des dividendes partiels que l'on a employés?

77. Si un chiffre, écrit au quotient, était trop fort, à quel caractère s'en apercevrait-on? et que faudrait-il faire dans ce cas?

78. Si au lieu de diminuer successivement d'une unité un chiffre trop fort écrit au quotient, on le diminuait tout d'un coup de plusieurs unités, il pourrait être trop faible; mais alors à quoi s'en apercevrait-on?

79. Comment voit-on que, dans quelque division partielle que ce soit, on ne peut jamais écrire plus de 9 au quotient?

79 *bis*. Si le dividende ne contenait pas le diviseur un nombre exact de fois que ferait-on du reste?

80. Quel changement éprouverait le quotient, si on multipliait le dividende par un nombre entier quelconque, et comment le prouve-t-on?

81. Quel changement éprouverait le quotient, si on multipliait le diviseur par un nombre entier quelconque?

82. Comment prouve-t-on qu'en multipliant le dividende et le diviseur, chacun par un même nombre, le quotient ne change pas de valeur?

83. Quel changement éprouverait le quotient, si le dividende devenait un certain nombre de fois plus petit, et comment le prouve-t-on?

84. Quel changement éprouverait le quotient, si le diviseur devenait un certain nombre de fois plus petit?

85. Comment voit-on que, lorsqu'on rend le dividende et le diviseur, chacun un même nombre de fois plus petit, le quotient ne change pas de valeur?

86. Quel est le seul énoncé qui comprendrait ce dernier principe et celui énoncé n° 82?

87. Si le dividende et le diviseur étaient terminés par des zéros, quelle abréviation pourrait-on faire, et comment le prouve-t-on?

88. Quel est le procédé à suivre pour faire la division, lorsqu'il y a des décimales, et comment le prouve-t-on?

89*. Dans quelle circonstance peut-on se dispenser de completter les décimales, et comment voit-on cela?

Pourquoi s'il y avait plus de chiffres décimaux dans le diviseur que dans le dividende, ne pourrait-on pas se dispenser de completter les décimales?

90. Lorsqu'après avoir trouvé le quotient en nombre entier, on veut avoir des décimales, comment doit-on opérer, et qu'elle en est la raison?

91. D'où vient que lorsqu'on a approché du quotient jusqu'au chiffre des dixièmes, ou des centièmes, etc., on a la valeur de ce quotient à moins d'un dixième, d'un centième, etc., d'unité près?

Lorsque le chiffre décimal de la plus forte espèce de ceux que l'on néglige est de 5 ou au-dessus, quelle attention faut-il avoir afin d'obtenir un quotient plus approché?

92. Lorsqu'au lieu d'effectuer une division, on ne veut que l'*indiquer*, comment dispose-t-on les nombres?

Lorsque le dividende et le diviseur sont affectés de coefficients, comment fait-on la division?

93*. Lorsque tous les facteurs du diviseur se trouvent dans le dividende, de quoi se compose le quotient ?

94. Comment se fait la preuve de la multiplication ?

Comment voit-on qu'en divisant le produit par l'un de ses facteurs, on doit trouver au quotient l'autre facteur ?

95. Comment fait-on la preuve de la division, et comment le prouve-t-on ? S'il y avait un reste, qu'est-ce qui égalerait le dividende ?

96*. Lorsqu'une même lettre se trouve dans le dividende et dans le diviseur, de quoi se compose son exposant dans le quotient ? Que représente toute lettre dont l'exposant est zéro, et comment voit-on cela ?

97. Lorsque l'on a été obligé de faire de grandes opérations, quelle est la preuve qu'il convient d'y appliquer ?

Comment fait-on la preuve de la multiplication par 9 ?

98. Sur quel principe est fondée cette règle, et comment voit-on cela ?

Comment justifie-t-on la preuve de la multiplication par 9 ?

99. Comment applique-t-on à la division la preuve de la multiplication par 9 ?

100. Comment se font les preuves de la multiplication et de la division par le nombre 3 ?

101. Quels sont les cas où la preuve par 9, ou par 3, est en défaut ?

DES RÈGLES DES SIGNES.

102*. Quels sont, avons-nous vu, les signes qui indiquent l'addition, la soustraction, la multiplication et la division ?

103*. Comment fait-on l'addition des quantités, en ayant égard à leurs signes, et comment le prouve-t-on ?

Dans quelle circonstance se dispense-t-on d'écrire le signe d'une quantité ? Quel signe sera censée avoir une quantité dont le signe ne sera pas écrit ?

104*. Quelle est la règle à suivre pour faire la soustraction des quantités, en ayant égard à leurs signes, et comment le prouve-t-on ?

105*. Dans la multiplication de deux quantités, de quel signe est affecté le produit ?

106*. Comment prouve-t-on cette règle des signes ?

107*. Que résulte-t-il des quatre principes qui viennent d'être démontrés ?

108*. Dans quelles circonstances le quotient doit-il avoir le signe plus, ou le signe moins ?

109*. Comment démontre-t-on cette règle des signes ?

DES MONOMES, BINOMES, TRINOMES, POLYNOMES, ET DES QUATRE RÈGLES SUR CES QUANTITÉS.

110*. Qu'est-ce qu'on appelle *monome*, *binome*, *trinome*, *quadrinome*, et, en général, *polynome* ?

111*. Qu'est-ce qu'on appelle quantités *semblables* ?

112*. Qu'est-ce qu'on appelle *faire la réduction* ?

Comment fait-on la réduction de deux quantités littérales semblables affectées de signes différents ?

113*. A quoi se réduit la règle pour faire l'addition des quantités polynomes ?

114*. Comment fait-on la soustraction des quantités polynomes ?

115*. Comment effectue-t-on la multiplication des quantités polynomes ?

116*. Qu'est-ce qu'ordonner les termes d'une quantité, par rapport à une lettre ?

Quelle est la règle pour effectuer la division des quantités polynomes ?

DES FRACTIONS.

117. Qu'est-ce que nous avons appelé *fractions* ?

Combien emploie-t-on de nombres pour représenter une fraction, et quels sont leurs noms ?

Lorsque le dénominateur est 2, 3, ou 4, que représente la fraction ?

Lorsque le dénominateur est au-dessus de 4, quelle est la terminaison qu'on lui donne ?

118. Qu'expriment le dénominateur et le numérateur ?

Quand est-ce qu'une expression fractionnaire renferme des unités ? et dans ce cas comment les extrait-on ?

Qu'est ce qni distingue une expression fractionnaire d'une fraction proprement dite ?

119. Quel est le procédé pour convertir un nombre entier en fraction d'une espèce proposée, en cinquièmes par exemple ? et comment voit-on que le nombre entier ne change pas de valeur par cette opération ?

120. Si l'on multipliait le numérateur ou le dénominateur d'une fraction par un nombre entier quelconque, quel changement éprouverait cette fraction, et comment le prouve-t-on ?

121. Si l'on multipliait les deux termes d'une fraction chacun par un même nombre entier, qu'arriverait-il, et pourquoi ?

122 et 123. Quel changement éprouverait une fraction dont on diviserait le numérateur ou le dénominateur par un nombre entier quelconque, et comment le prouve-t-on ?

124. Si l'on divisait les deux termes d'une fraction par un même nombre entier, qu'arriverait-il, et pourquoi ?

125. Quel est le seul énoncé qui comprendrait ce principe et celui du n° 121 ?

126. De combien de manières peut-on rendre une fraction un certain nombre de fois plus grande ?

127. Où un certain nombre de fois plus petite ?

Quel est celui de ces deux procédés qui peut toujours être applicable, et quelle est la condition pour que l'autre puisse l'être ?

128. Quel est le procédé pour réduire deux fractions à un même dénominateur ?

D'où vient qu'en suivant ce procédé, les nouvelles fractions ont le même dénominateur ?

Pourquoi les fractions n'ont-elles pas changé de valeur par cette opération ?

D'après cela, comment s'y prendrait-on pour savoir quelle est la plus grande de deux fractions données ?

129. Quelle est la règle générale pour réduire plusieurs fractions au même dénominateur ?

Comment voit-on 1° que les fractions n'ont pas changé de valeur par cette opération ;

2° Qu'elles ont toutes le même dénominateur ?

130. Quels sont les cas où le procédé de la réduction de plusieurs fractions au même dénominateur peut être simplifié ?

Quel est le procédé à suivre dans chacun de ces deux cas?

Qu'est-ce qu'on entend par *facteurs différents* ?

D'où vient qu'en opérant comme il vient d'être dit, les nouvelles fractions ont toutes le même dénominateur, et qu'elles sont de même valeur que les premières?

131. Quel est le procédé pour réduire à sa plus simple expression, une fraction qui en serait susceptible?

Qu'est-ce qu'un *nombre premier* ?

132. Quand est-ce qu'un nombre est divisible exactement par 2, et comment le prouve-t-on?

133. Quand est-ce qu'un nombre est divisible exactement par 5, et comment le prouve-t-on?

134. Quand est-ce qu'un nombre est divisible exactement par 9?

135. Quelle est la propriété du nombre 3?

136*. Trouver les conditions pour qu'un nombre soit divisible exactement par 7?

137*. Appliquer ces conditions au nombre 32165?

138*. Quelle est la règle pour vérifier si un nombre est divisible exactement par 7?

139*. Trouver les conditions pour qu'un nombre soit divisible exactement par 11?

140*. Quelle est la règle pour vérifier si un nombre est divisible exactement par 11? Preuves de la multiplication et de la division par 11?

141*. Quelle serait la règle pour vérifier si un nombre est divisible exactement par 13?

142*. Quel est le procédé pour décomposer un nombre en tous ses facteurs?

143*. Appliquer ce procédé au nombre 60?

144*. Comment pourrait-on donc procéder pour réduire une fraction à sa plus simple expression?

145 Quand est-ce que deux nombres sont *premiers entr'eux* ?

146. N'est-il pas un autre procédé pour réduire une fraction à sa plus simple expression?

147. Qu'est-ce que le *diviseur commun*, et le *plus grand diviseur commun* de deux nombres?

148. Quel est le procédé à suivre pour trouver le plus grand diviseur commun de deux nombres?

Comment prouve-t-on que le dernier diviseur employé est diviseur commun?

Pour prouver que le dernier diviseur employé est le plus grand diviseur commun, quel est le principe qu'il faut poser?

Comment prouve-t-on que tout diviseur exact de deux nombres, est diviseur exact du reste de la division du plus grand de ces deux nombres par le plus petit?

Comment prouve-t-on que le dernier diviseur employé est le plus grand diviseur commun?

149. Qu'est-ce qu'une fraction *irréductible* et une fraction *réductible* ?

A quel caractère reconnaît-on qu'une fraction est irréductible?

Si dans la recherche du plus grand diviseur commun, on supprimait, dans la vue de simplifier l'opération, quelque facteur commun au dividende et au diviseur, quel changement éprouverait le plus grand diviseur commun, et comment le prouve-t-on?

En serait-il de même, si on divisait le dividende ou le diviseur par un nombre qui ne serait pas facteur du diviseur ou du dividende?

150*. Comment trouverait-on le plus grand diviseur commun de trois nombres donnés?

151. Comment peut-on envisager une fraction, et comment le prouve-t-on?

152. Quel est le procédé pour réduire une fraction en décimales?

153. Lorsqu'on veut obtenir la valeur d'une fraction à moins d'un dixième, d'un centième, d'un millième etc., d'unité près, quelle attention faut-il avoir et pourquoi?

154. Qu'est-ce qu'on appelle *fractions périodiques?*

155. Pour que la période recommence, combien sera-t-on obligé de faire de divisions au plus?

Quel sera le nombre que ne pourra dépasser le nombre des chiffres de la période?

156. Quel est le procédé pour revenir d'une fraction décimale non périodique à la fraction ordinaire d'où elle dérive?

157. Lorsque la fraction est périodique, que faut-il faire, et comment le prouve-t-on?

158. Lorsque la période ne commence pas au premier chiffre décimal, quelle préparation faut-il faire?

159. Quel est le procédé pour faire l'addition des fractions, lorsqu'elles ont le même dénominateur?

160. Comment opérerait-on, si les fractions n'avaient pas le même dénominateur?

161. S'il y avait des entiers joints aux fractions, comment opérerait-on?

162. Comment fait-on la soustraction des fractions qui ont le même dénominateur?

163. Si les fractions n'avaient pas le même dénominateur, comment opérerait-on?

164. S'il y avait des entiers joints aux fractions, comment procéderait-on?

165. Si la fraction de la quantité que l'on doit retrancher, était plus grande que celle du nombre dont il faut la retrancher, que faudrait-il faire?

166. Que se propose-t-on dans la multiplication des fractions? Comment la fait-on, et comment le prouve-t-on?

167. S'il y avait un nombre entier joint à chaque fraction, comment opérerait-on?

168. Quel est le procédé pour multiplier un nombre entier par une fraction, et comment le prouve-t-on?

169. Comment voit-on qu'en multipliant une quantité quelconque par une fraction le produit est toujours plus petit que le multiplicande?

170. Quelle est la règle qui s'offre d'abord naturellement pour diviser une fraction par une fraction, et comment la prouve-t-on?

171. D'où vient qu'on est souvent obligé de recourir à un autre procédé?

172. Quel est cet autre procédé, et comment le justifie-t-on?

173. S'il y avait des entiers joints aux fractions comment opérerait-on?

174. Quel est le procédé pour diviser un nombre entier par une fraction, et comment le prouve-t-on?

175. Comment voit-on qu'en divisant une quantité quelconque par une fraction, le quotient est toujours plus grand que le dividende?

176. Quels seraient les $\frac{5}{6}$ de 25 francs?

177. Quels seraient les 0.76 de la livre ?

178. Qu'est-ce qu'on appelle *fractions de fractions ?*

179. Quel est le procédé pour réduire les fractions de fractions à une seule fraction, et comment le prouve-t-on ?

180. Qu'est-ce qu'un nombre *complexe ?*

181. Qu'est-ce qu'un nombre *incomplexe ?*

182. Comment fait-on l'addition des nombres complexes ?

183. Comment fait-on la soustraction des nombres complexes ?

184. De combien de manières peut-on faire la multiplication des nombres complexes ?

185. Comment fait-on la multiplication des nombres complexes par les fractions ?

186. Quand est-ce qu'on dit qu'un nombre est *partie aliquote* d'un autre nombre ?

Quelles sont les parties aliquotes de la livre en sols ; du sol en deniers, de la toise en pieds, etc. ?

187. Quel est le procédé pour faire la multiplication des nombres complexes par les parties aliquotes ?

188. Dans une division de nombres complexes, qu'est-ce qui indique de quelle nature doivent être les unités du quotient, et comment voit-on cela ?

189. Comment fait-on la division d'un nombre complexe par un nombre incomplexe, lorsque les unités du quotient doivent être de même espèce que celles du dividende ?

190. Si les unités du quotient devaient être d'espèces différentes de celles du dividende, comment opérerait-on ?

191. Quel est le procédé pour faire la division d'un nombre complexe, par un nombre complexe ?

192. Comment peut-on ramener la division d'un nombre complexe par un nombre complexe, au cas de la division d'une fraction par une fraction ?

193. Quel est le procédé pour diviser un nombre complexe par une fraction ordinaire ?

194. Si l'on avait, au contraire, une fraction à diviser par un nombre complexe, comment procéderait-on ?

195. Quel est le procédé pour diviser un nombre complexe par une fraction décimale ?

196. Si c'était une fraction décimale que l'on eût à diviser par un nombre complexe, comment s'y prendrait-on ?

DU SYSTÈME MÉTRIQUE.

197. Quel est le type commun du nouveau système des poids et mesures ? Quelle est la longueur du *mètre* déduite de la mesure de la terre ?

Quelle est sa longueur en mesures anciennes ?

198. Quelles sont les mesures de dix en dix fois plus grandes et plus petites que le mètre ?

199. Quelle est l'unité de superficie et sa grandeur ?

200. Quelle est l'unité de capacité, et sa contenance ?

201. Quelles sont les mesures de capacité de dix en dix fois plus grandes et plus petites que le *litre ?*

202. Quelle est l'unité de poids, et à quoi est-elle équivalente ?

Que pèse le gramme en anciens poids de marc ?

203. Quels sont les poids de dix en dix fois plus grands, et plus petits que le *gramme ?*

204. Quelle est l'unité *monétaire* en France, et quelle est sa valeur? Comment se divise le *franc*?

205. Comment voit-on que les monnaies peuvent servir à vérifier les poids, et réciproquement?

206. Quel est l'autre avantage de ce système?

207. Si tous les *étalons* des poids et mesures venaient à être altérés, ou détruits, n'aurait-on pas la faculté de les retrouver dans la nature?

DES CARRÉS.

208. Qu'est-ce que le *carré*, ou la *seconde puissance* d'un nombre?

209. Pour élever une fraction au carré que faut-il faire?

210. Qu'est-ce que la *racine carré*, ou *deuxième* d'un nombre?

211. Quels sont les carrés des 9 chiffres significatifs?

212. Quelles sont les racines carrées des nombres compris entre 1 et 4; 4 et 9; 9 et 16; 16 et 25, etc.?

213. Comment voit-on que si on élève au carré un nombre fractionnaire irréductible, le résultat sera aussi irréductible?

214. Comment voit-on que tout nombre entier qui n'a pas de racine carrée exacte en nombre entier, ne peut en avoir non plus une en nombre fractionnaire?

215. Qu'est-ce qu'on appelle *nombre irrationnel ou incommensurable; rationnel ou commensurable?*

216. Combien un nombre qui ne contient qu'un seul chiffre en a-t-il au plus à son carré?

Combien un nombre composé de deux chiffres en aura-t-il au plus à sa racine carrée?

217. Combien un nombre composé de deux chiffres en aura-t-il à son carré?

Combien tout nombre composé de plus de deux chiffres, et de moins de cinq, en aura-t-il toujours à sa racine carrée?

218. Quelles sont les parties qui entrent dans le carré d'un nombre qui renferme des dixaines et des unités, et comment le prouve-t-on?

219. Si l'on considérait le nombre comme étant composé de deux parties, quelles seraient celles qui entreraient dans son carré?

220. Quel changement éprouve le carré d'un nombre lorsqu'on augmente ce nombre d'une ou plusieurs unités, et comment le prouve-t-on?

221. Quel est le procédé pour extraire la racine carrée d'un nombre qui renferme plus de deux chiffres et moins de cinq, et la démonstration?

222. Comment vérifie-t-on cette racine?

D'où vient qu'on est sujet à trouver une racine trop fort, et comment voit-on cela?

Si, lorsqu'on a trouvé une racine trop forte, on la diminuait tout d'un coup de plusieurs unités, elle pourrait être trop faible, à quel caractère le reconnaîtrait-on, et comment voit-on cela?

223. Lorsqu'on a à extraire la racine carrée d'un nombre qui renferme plus de quatre chiffres, de quelle manière faut-il le partager, comment voit on cela, et comment extrait-on en suite la racine carré de ce nombre?

224. Lorsque le nombre dont on veut extraire la racine carrée est grand, et que l'on a déjà trouvé plus de la moitié des chiffres de sa racine, comment peut on aisément trouver les autres?

225. Lorsque le nombre proposé n'est pas un carré parfait, comment en extrait on une racine approchée à l'aide des décimales?

226*. Quel est le moyen d'avoir la racine carrée d'un nombre à moins d'un quart, d'un 5ᵉ, d'un Nⁱᵉᵐᵉ d'unité près.

227. S'il y avait déjà des décimales dans le nombre proposé, commen-opérerait-on ?

228. S'il n'y avait que des décimales, que faudrait-il faire?

229. Quel est le procédé pour extraire la racine carrée d'une fraction or-dinaire, et comment le prouve-t-on?

230. Si le numérateur seulement de la fraction n'était pas un carré par-fait, que faudrait-il faire?

231. Si le dénominateur n'était pas un carré parfait, que faudrait-il faire, et pourquoi?

232. S'il y avait un nombre entier joint à la fraction, comment procé-derait-on?

233. Ne pourrait-on pas s'y prendre d'une autre manière pour extraire la racine carrée d'une fraction, ou d'un nombre entier joint à une fraction?

234. Lorsqu'au lieu d'extraire la racine carré d'un nombre, on ne veut que l'*indiquer*, de quel signe se sert-on, et comment indique-t-on l'extrac-tion d'une racine d'un degré plus élevé?

DES CUBES.

235. Qu'est-ce que le *cube*, ou la *troisième puissance* d'un nombre?

236. Quest-ce que la *racine cubique* d'un nombre?

237. Quels sont les nombres qui ne sauraient avoir de racine cubique exacte, et comment appelle-t-on leur racine?

238. Quels sont les cubes des neuf chiffres significatifs?

Combien un nombre qui ne renferme qu'un seul chiffre en aura-t-il au plus à son cube?

Combien un nombre qui renferme deux chiffres en aura-t-il à son cube, et comment voit-on cela?

239. Quelles sont les deux conséquences qu'on déduit de là?

240. Quelles sont les quatre parties qui entrent dans le cube d'un nombre qui renferme des dixaines et des unités, et comment le prouve-t-on?

241. En considérant le nombre comme composé de deux parties, quelles seraient celles qui entreraient dans son cube?

242. Indiquer, d'après cela, les différentes manières d'élever un nombre, tel que 11, au cube, sans le multiplier par son carré.

243. D'après cela, si l'on augmentait un nombre d'une unité, quel chan-gement éprouverait le cube de ce nombre?

244. En général, si on augmentait un nombre P de N unités, quel chan-gement éprouverait le cube de ce nombre?

245. Quel est le procédé pour extraire la racine cubique d'un nombre qui renferme plus de trois chiffres et moins de sept, et comment le prouve-t-on?

246. Comment vérifie-t-on cette racine?

Quand est-ce qu'on est sujet à trouver un chiffre trop fort, et comment voit-on cela?

Si au lieu de diminuer successivement la racine d'autant d'unités qu'il se-rait nécessaire pour arriver à la véritable racine, on la diminuait tout d'un coup de plusieurs unités, que pourrait-il arriver, et à quoi s'en aperce-vrait-on?

247. Quel est le procédé pour extraire la racine cubique d'un nombre qui renferme plus de six chiffres, et comment le justifie-t-on?

248. Quel est le procédé pour extraire, par approximation, à l'aide des

décimales, la racine cubique d'un nombre qui n'est pas un cube parfait, et comment le prouve-t-on ?

249. S'il y avait déjà des décimales dans le nombre proposé, que faudrait-il faire ?

250. S'il n'y avait que des décimales dans ce nombre, comment procéderait-on ?

251. Quel est le procédé pour élever une fraction ordinaire au cube, et comment le prouve-t-on ?

252. Quel est le procédé pour extraire la racine cubique d'une fraction ordinaire, et comment le prouve-t-on ?

253. Si le numérateur seulement n'était pas un cube parfait que faudrait il faire ?

254. Si le dénominateur n'était pas un cube parfait, comment procéderait-on ?

Si ce même dénominateur était déjà un carre, que suffirait-il de faire ?

255. S'il y avait un nombre entier joint à la fraction, comment opererait-on ?

256. Quelle est l'autre méthode pour extraire la racine cubique d'une fraction, ou d'un nombre entier joint à une fraction ?

257. Quel serait le procédé pour extraire la racine cubique d'un nombre à moins d'un quart, d'un cinquième, et en général d'un $N^{ième}$ d'unité près ?

DES RAPPORTS ET DES PROPORTIONS.

258. Qu'est-ce qu'on désigne, en mathématiques, par le mot *rapport*

259. Combien distingue-t-on de sortes de rapports, et quels sont-ils ?

260. Qu'est-ce que les *termes* d'un rapport ?

261. Qu'est-ce que l'*antécédent* et le *conséquent* d'un rapport ?

262. En quoi consiste le *rapport arithmétique ou par différence*, et comment trouve-t-on ce rapport ?

263. A quoi est égal le conséquent d'un rapport par différence ?

264. Quels sont les deux changements que l'on peut faire subir aux deux termes d'un rapport par différence sans altérer le rapport, et pourquoi ?

265. Comment écrit-on le rapport par différence entre deux nombres ?

266. Comment indique-t-on le *rapport par quotient* entre deux nombres ?

267. Comment trouve-t-on ce rapport ?

268. Quel changement éprouverait un rapport par quotient si on multipliait l'antécédent par un nombre entier quelconque, et pourquoi ?

269. Si on multipliait le conséquent d'un rapport par un nombre entier quelconque, quel changement éprouverait ce rapport, et pourquoi ?

270. Si l'on divisait l'antécédent d'un rapport par un nombre entier quelconque, quel changement éprouverait le rapport, et comment le prouve-t-on ?

271. De combien de manières peut-on diviser un rapport par un nombre entier quelconque ?

272. Quel changement éprouverait le rapport de deux nombres si l'on divisait le conséquent par un nombre entier quelconque, et pourquoi ?

273. De combien de manières peut-on multiplier un rapport par un nombre entier quelconque ?

274. Quels sont les deux changements que l'on peut faire subir aux deux termes d'un rapport par quotient, sans altérer le rapport, et comment le prouve-t-on ?

275. Si l'on élevait au carré, ou au cube, les deux termes d'un rapport, quel changement éprouverait ce rapport, et comment le prouve-t-on? réciproq.

276. Quel est le procédé pour simplifier le rapport par quotient de deux fractions, ou de deux nombres entiers joints à des fractions, c'est-à-dire pour trouver deux nombres entiers qui aient le même rapport par quotient que deux fractions proposées, ou que deux nombres fractionnaires, et la démonstration?

Si les deux nombres étaient complexes ou l'un d'eux seulement, comment troverait-on deux nombres entiers qui auraient le même rapport?

Quel est le rappprt de la toise au mètre?

Quel serait le procédé pour convertir un certain nombre de mesures anciennes en mesures nouvelles, et réciproquement?

277. Quand est-ce qu'on dit que quatre quantités sont en *proportion*?

278. D'après cela, qu'est-ce qui constitue la proportion?

279. Quels sont les noms particuliers, et deux à deux des quatre termes d'une proportion?

280. Comment écrit-on que quatre nombres sont en *proportion arithmétique*, ou mieux, sont *équi-différents*?

281. Quel est le procédé pour rendre les antécédents égaux à leurs conséquents dans une équi-différence, et comment le prouve-t-on?

282. Quelle est la propriété fondamentale de toute équi-différence, et la démonstration?

283. Comment voit-on qu'il n'y a que quatre nombres équi-différents qui aient la propriété d'avoir la somme des extrêmes égale à celle des moyens?

284. Quelles sont les permutations que l'on peut faire subir aux termes d'une équi-différence sans altérer l'exactitude de l'équi-différence, et la raison?

285. Quel est le procédé pour trouver l'un des termes d'une équi-différence lorsque les trois autres termes sont connus, et comment le prouve-t-on?

286. Quand est-ce qu'une équi-différence est dite *continue*?

287. Comment écrit-on par abréviation une équi-différence continue?

288. Quelle est la propriété d'une équi-différence continue, et la démonstration?

289. Quel est le procédé pour trouver le *milieu*, ou un moyen arithmétique entre deux nombres, et comment le justifie-t-on?

290. Comment écrit-on que quatre quantités sont en *proportion géométrique*, ou mieux *par quotient*?

291. Si la proportion était continue, comment l'écrirait-on?

292. Quel est le procédé pour rendre les conséquents égaux à leurs antécédents dans une proportion par quotient, et comment le prouve-t-on?

293. Quelle est la propriété fondamentale d'une proportion par quotient, et la démonstration?

294. Comment voit-on qu'il n'y a que quatre quantités en proportion par quotient qui aient la propriété d'avoir le produit des extrêmes égal à celui des moyens?

295. Quels sont, d'après cela, les permutations et les changements que l'on peut faire subir aux quatre termes d'une proportion par quotient, sans en altérer l'exactitude, et pourquoi?

296. Comment prouve-t-on que dans toute proportion, le premier terme est au troisième, comme le second est au quatrième?

297. Quel est le procédé pour trouver l'un des termes d'une proportion dont les trois autres termes sont connus, et comment le prouve-t-on?

298. Quelle est la propriété d'une proportion continue par quotient, et la démonstration?

299. A quoi est égal le terme *moyen* ?

Quel est le procédé pour trouver un moyen proportionnel géométrique entre deux nombres ?

300. Que résulte-t-il de deux proportions qui ont un rapport de commun, et comment voit-on cela ?

301. Comment voit-on que lorsque deux proportions ont les antécédents égaux, leurs conséquents sont en proportion ?

302. Comment voit-on que dans toute proportion par quotient, si on ajoute à chaque antécédent son conséquent, il y a toujours proportion ?

303. En est-il de même lorsqu'on ajoute à chaque conséquent son antécédent, et pourquoi ?

304. Que résulte-t-il de là ?

Comment voit-on que dans toute proportion :

305. 1° La somme des deux premiers termes est à la somme des deux derniers, comme le second est au quatrième, ou comme le premier est au troisième ?

306. 2° La somme des antécédents est à la somme des conséquents, comme un antécédent est à son conséquent ?

307. Comment voit-on que lorsque dans une proportion, on retranche chaque conséquent de son antécédent, ou chaque antécédent de son conséquent, il y a toujours proportion ?

Comment prouve-t-on que dans toute proportion :

308. 1° La différence des deux premiers termes est à la différence des deux derniers, comme le second terme est au quatrième, ou comme le premier est au troisième terme ?

309. 2° La différence des antécédents est à la différence des conséquents, comme un antécédent est à son conséquent ?

310. Comment voit-on que la somme des antécédents est à la somme des conséquents, comme la différence des antécédents est à la différence des conséquents ?

311. Comment déduit-on de là que la somme des antécédents est à leur différence, comme la somme des conséquents est à leur différence ?

312. Comment prouve-t-on que dans toute suite de rapports égaux, la somme des antécédents est à la somme des conséquents, comme l'un des antécédents est à son conséquent ?

313. D'où vient qu'on peut, sans altérer l'exactitude d'une proportion par quotient, multiplier les deux premiers termes, ou les deux derniers, ou les deux antécédents, ou les deux conséquents, ou enfin les quatre termes par un même nombre ?

314. Si l'on divisait les deux premiers termes, ou les deux derniers, ou les antécédents, ou les conséquents, ou enfin les quatre termes par un même nombre, y aurait-il toujours proportion, et pourquoi ?

315. Qu'est-ce qu'on appelle *rapport composé* ?

316. A quoi est égal le rapport composé, et pourquoi ?

317. Lorsque les rapports composants sont au nombre de deux, et égaux entre eux, à quoi est égal le rapport composé ?

318. Si les rapports égaux étaient au nombre de trois, à quoi serait égal le rapport composé ?

319. Si, au lieu de deux ou trois rapports égaux, il y en avait un plus grand nombre, à quoi serait égal le rapport composé ?

320. Lorsque l'on multiplie deux ou plusieurs proportions par *ordre*, les produits qui en résultent sont-ils en proportion, et pourquoi ?

321. S'il y avait quelque fracteur commun d'antécédent à conséquent, que pourrait-on faire, et pourquoi?

322. Que résulte-t-il lorsqu'on divise deux proportions par ordre, et comment le prouve-t-on?

323. Lorsque quatre termes sont en proportion, leurs carrés sont-ils aussi en proportion, et pourquoi?

324. En est-il de même des racines carrées des quatre termes?

325. Lorsque quatre quantités sont en proportion, les cubes, et en général les puissances semblables de ces quatre quantités sont-elles aussi en proportion, et pourquoi?

326. En est-il de même des racines semblables de ces quatre quantités, et pourquoi?

DES RÈGLES DE TROIS.

327. Qu'est-ce qu'on entend par *règle de troi*?

328. Quand est-ce qu'une règle de trois est *simple*?

329. Quand est-elle *composée*?

330. Montrer comment on peut ramener la règle de trois *composée*, au cas de la règle de trois *simple*?

331. Quand est-ce qu'une règle de trois est *directe*?

332. Quand est-ce qu'on dit qu'elle est *inverse*?

333. Quel est le but de la règle de *société*?

334. Connaissant les mises des divers associés, comment détermine-t-on la part de chacun, soit dans le gain, soit dans la perte qui résulte de leur société?

Comment prouve-t-on que la somme des mises est à la somme à partager, comme l'une des mises est à sa part?

335. De quelle autre manière peut-on justifier le procédé à suivre pour résoudre la règle de société?

336*. Comment prouve-t-on que la mise du premier associé est à sa part, comme la mise du second est à sa part, comme la mise du troisième est à sa part, et ainsi de suite?

337*. Comment prouve-t-on que la mise du premier est à la mise du second est à la mise du troisième, etc., comme la part du premier est à la part du second est à la part du troisième, et ainsi de suite?

338. Si les mises avaient resté différents temps dans la société, que faudrait-il faire?

339. Quel est le but de la règle d'*alliage*?

340. Quelle est la solution pour le premier cas?

341*. Comment doit-on mêler du vin à 6 décimes et à 9 décimes le litre, pour en avoir qu'on puisse vendre 8 décimes?

Si le mélange devait être fait avec des vins à 6, 7 et 9 décimes le litre, combien faudrait-il en prendre de chacun pour faire du vin à 8 décimes le litre?

Combien cette question offre-t-elle de solutions?

Qu'est-ce qu'une question *indéterminée*?

Qu'est-ce qu'il faudrait de plus pour que la question fut *déterminée* et qu'est-ce qu'on entend par cette expression?

Comment doit-on s'y prendre pour exprimer par des équations les conditions de la question?

Quelle est la marche à suivre pour *résoudre* ces équations, c'est-à-dire pour trouver les valeurs des inconnues qui y entrent?

Dans quelles circonstances la question sera-t-elle *déterminée*, *indéterminée*, et *plus que déterminée*?

DES PROGRESSIONS.

342. Qu'est-ce qu'*une progression arithmétique ou par différence ?*

343. Qu'est-ce que la *raison* de la progression, et comment l'obtient-on ?

344. Comment écrit-on que plusieurs termes sont en progression par différence ?

345. Quand la progression est-elle *croissante* ou *décroissante ?*

346. De quoi est composé l'un des termes quelconques d'une progression croissante par différence, et comment le prouve-t-on ?

347. Quel est, d'après cela, le procédé pour calculer un terme quelconque de cette progression connaissant le premier terme et la raison, sans calculer les autres termes ?

348. Lorsque le premier terme est zéro, de quoi est composé l'un des termes quelconques, et comment le prouve-t-on ?

349. Quel est le procédé pour insérer un certain nombre de moyens arithmétiques entre deux nombres, et comment le prouve-t-on ?

350. De quoi est composé l'un des termes d'une progression décroissante par différence, et comment le prouve-t-on ?

351. Quel est le procédé pour trouver l'un des termes de cette progression ?

352*. A quoi est égale la somme d'un nombre quelconque de termes d'une progression par différence, et comment le prouve-t-on ?

353. Qu'est-ce qu'*une progression géométrique, ou par quotient ?*

354. Comment écrit-on que plusieurs termes sont en progression par quotient ?

355. Quand la progression est-elle *croissante*, et quand est-elle *décroissante ?*

356. Qu'est-ce que la *raison* de la progression ?

357. D'après cela, comment déduit-on un terme de celui qui le précède ?

358. De quoi est composé l'un des termes quelconques relativement au premier terme et à la raison, et comment le prouve-t-on ?

359. Quel est le procédé pour calculer l'un des termes quelconques sans calculer les autres termes, connaissant le premier terme et la raison ?

360. Si le premier terme de la progression était l'unité, de quoi serait composé l'un des termes quelconques, et pourquoi ?

361. Quel est le procédé pour insérer un certain nombre de moyens proportionnels géométriques entre deux nombres ?

Quel est le procédé pour trouver la raison ?

362*. Connaissant le premier, le dernier et le nombre des termes d'une progression par quotient, quel est le procédé pour trouver le produit de tous les termes, et comment le prouve-t-on ?

363*. Comment voit-on que lorsque plusieurs quantités sont entre elles comme leurs différences, ces différences sont en progression par quotient ?

DES LOGARITHMES.

364. Qu'est-ce que les *logarithmes ?*

365. De quelle progression par différence s'est-on servi pour former les *tables de logarithmes* actuellement en usage ?

366. Quelle progression par quotient a-t-on choisie ?

367. D'après ce système de progressions, quels sont les logarithmes des nombres 1, 10, 100, 1000, etc., décuples les uns des autres.

368. De quelle manière conçoit-on qu'on ait pu s'y prendre pour obtenir les logarithmes des termes intermédiaires de cette progression décuple ?

369. Quelle est la disposition donnée aux tables ?

370. Qu'est-ce que la *caractéristique* du logarithme d'un nombre, pourquoi l'appelle-t-on ainsi, et que fait-elle reconnaître ?

371. Quels sont les deux problèmes que l'on peut résoudre à l'inspection seule des tables ?

372. Comment prouve-t-on que si l'on multipliait entre eux deux des termes d'une progression par quotient commençant par l'unité, et qu'on ajoutât les deux termes correspondants d'une progression par différence commençant par zéro, le produit et la somme se correspondraient dans ces deux progressions prolongées suffisamment ?

D'après cela, quels sont les procédés, en employant les logarithmes :

373. 1° Pour multiplier un nombre par un autre ?

374. 2° Pour élever un nombre au carré ?

375. 3° Pour extraire la racine carrée d'un nombre ?

376. 4° Pour élever un nombre à une puissance quelconque ?

377. 5° Pour extraire une racine quelconque d'un nombre ?

378. 6° Pour diviser un nombre par un autre, en employant les logarithmes ?

379. Connaissant les trois premiers termes d'un proportion, quel est le procédé pour trouver le quatrième terme à l'aide des logarithmes, et comment le prouve-t-on ?

380. Quel est le procédé pour trouver un moyen proportionnel géométrique entre deux nombres, en employant les logarithmes ?

381. Un nombre entier joint à une fraction étant donné, trouver son logarithme ?

382. Quel est le procédé pour obtenir le logarithme d'une fraction ?

383. A quoi est destiné le *signe négatif* dont on fait précéder le logarithme d'une fraction ?

Quel est le procédé pour multiplier :

384. 1° Un nombre entier, ou un nombre entier joint à une fraction, par une fraction ?

385. 2° Une fraction par une fraction ?

386. 3° Pour diviser un nombre entier par une fraction, ou un nombre entier joint à une fraction par une fraction ?

387. 4° Pour diviser une fraction par une fraction, en employant les logarithmes ?

388. Si on ajoutait une, deux, trois, etc., unités à la caractéristique du logarithme d'un nombre, quel serait le nombre correspondant relativement à ce qu'il était d'abord, et pourquoi ?

389. Si l'on retranchait une, deux, trois, etc., unités de la caractéristique de ce logarithme, qu'arriverait-il ?

Quel est le procédé pour obtenir :

390. 1° Le logarithme d'un nombre entier suivi de décimales ?

391. 2° Le logarithme d'une fraction décimale ?

392. 3° La fraction qui correspond à un logarithme négatif ?

393. Un nombre qui dépasse les limites des tables étant donné, trouver son logarithme ?

394. Étant donné un logarithme qui dépasse les limites des tables, trouver le nombre correspondant ?

Comment justifie-t-on ce procédé et les deux suivants ?

395. 1° Pour trouver le quotient d'une division par approximation en employant les logarithmes?

396. 2° Pour extraire une racine d'un degré quelconque par approximation en employant les logarithmes?

DES COMPLÉMENTS ARITHMÉTIQUES.

397. Qu'est-ce que le *complément arithmétique* d'un nombre?

398. Quel avantage retire-t-on de l'usage des compléments arithmétiques? Quel est le procédé :

399. 1° Pour retrancher un nombre d'un autre en employant les compléments arithmétiques?

400. 2° Pour retrancher deux, trois, etc. nombres, d'un, deux, trois, etc. autres nombres, en employant les mêmes compléments?

401. 3° Pour obtenir le quatrième terme d'un proportion par quotient, en employant les logarithmes, et les compléments arithmétiques?

402. Que faudrait-il faire si les trois premiers termes de la proportion étaient des fractions?

NOTE I, SUR LES DIVERS SYSTÈMES DE NUMÉRATION.

403*. Peut-on ou ne peut-on pas représenter tous les nombres avec plus ou moins de dix caractères?

404*. Ce que c'est que la *base* d'un *système de numération?*

405*. Que représente chaque chiffre d'un nombre?

406*. Quelle est la manière d'exprimer en chiffres, un nombre entier dans un système dont la base est b?

407*. Un nombre étant écrit dans le système dont la base est 9, par exemple, trouver ce qu'il exprime dans le système dont la base est 10?

408*. Un nombre étant donné dans le système décuple, le traduire dans le système dont la base est 9?

409*. Règle pour le traduire dans le système dont la base est b?

410*. Ce qu'il faudrait faire si la base du nouveau système dépassait dix?

411*. Un nombre étant donné dans un système, comment le traduira-t-on dans tout autre système?

412*. Comment peut-on faire comprendre que le système décuple usuel est préférable à tout autre?

413*. Pour appliquer le système que l'on aura choisi, aux méthodes de calcul, que sera-t-il nécessaire d'avoir présent à l'esprit, et que faudra-t-il se donner?

NOTE II, SUR LES FRACTIONS CONTINUES.

414*. Qu'est-ce qu'on désigne sous la dénomination de *fraction continue*?
Une fraction continue étant donnée, comment trouverait-on des fractions plus simples dont les valeurs approcheraient de celle de cette fraction?

NOTE III, SUR LA GÉNÉRATION DES LOGARITHMES.

415* Qu'est-ce que le logarithme d'un nombre, et la *base* du système de logarithmes?
À quoi se réduit la recherche du logarithme d'un nombre?

Déduire de l'équation $a^x = y$,

416*. 1° Qu'en ajoutant les logarithmes de deux nombres, on obtient le logarithme du produit de ces deux nombres?

417* 2° Que la différence des logarithmes de deux nombres, égale le logarithme du quotient de ces deux nombres?

418*. 3° Qu'en multipliant par un nombre p le logarithme d'un nombre quelconque, on a le logarithme de la puissance p de ce nombre?

419*. 4° Qu'en divisant par r le logarithme d'un nombre quelconque, on obtient au quotient le logarithme de la racine du degré r de ce nombre?

420*. Quel est le moyen de passer d'un système de logarithmes à tout autre système?

421. Comment, sans la connaissance de l'algèbre, peut-on calculer le logarithme d'un nombre entier?

FIN.

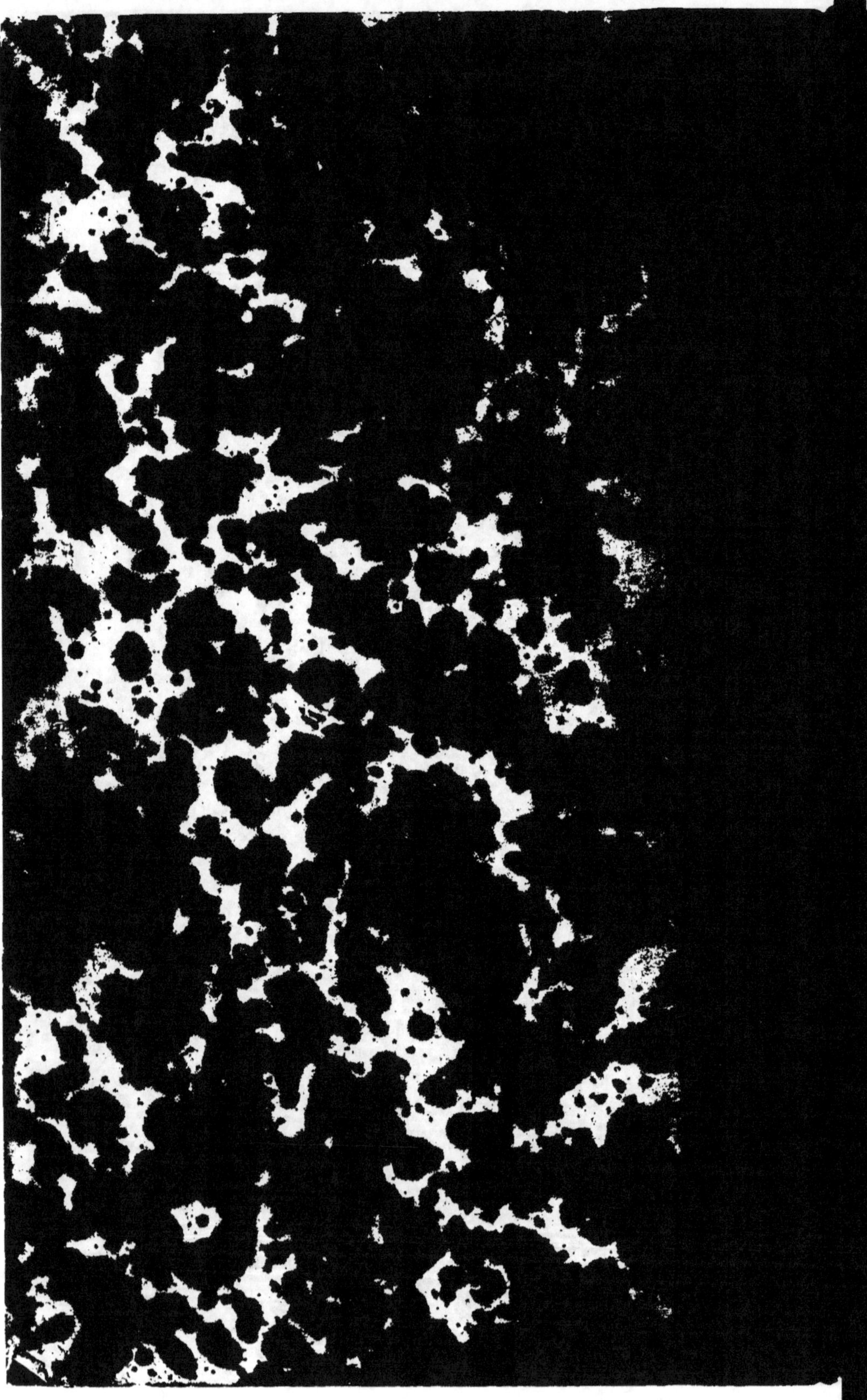